高校入試実戦シリーズ

実力判定テスト10 改訂版

数学 偏差値70

※解答用紙はプリントアウトしてご利用いただけます。弊社HPの商品詳細ページよりダウンロードしてください。

目　次

この問題集の特色と使い方

☆本書の特長

本書は，実際の入試に役立つ実戦力を身につけるための問題集です。いわゆる“難関校”の，近年の入学試験で実際に出題された問題を精査，分類，厳選し，全10回のテスト形式に編集しました。さらに，入試難易度によって，準難関校・難関校・最難関校と分類し，それぞれのレベルに応じて，『偏差値60』・『偏差値65』・『偏差値70』の3種類の問題集を用意しています。

この問題集は，問題編と解答・解説編からなり，第1回から第10回まで，回を重ねるごとに徐々に難しくなるような構成となっています。出題内容は，特におさえておきたい基本的な事柄や，近年の傾向として慣れておきたい出題形式・内容などに注目し，実戦力の向上につながるものにポイントを絞って選びました。さまざまな種類の問題に取り組むことによって，実際の高校入試の出題傾向に慣れてください。そして，繰り返し問題を解くことによって学力を定着させましょう。

解答・解説は全問に及んでいます。誤答した問題はもちろんのこと，それ以外の問題の解答・解説も確認することで，出題者の意図や入試の傾向を把握することができます。自分の苦手分野や知識が不足している分野を見つけ，それらを克服し，強化していきましょう。

実際の試験のつもりで取り組み，これからの学習の方向性を探るための目安として，あるいは高校入試のための学習の総仕上げとして活用してください。

☆問題集の使い方の例

①指定時間内に，問題を解く

時間を計り，各回に示されている試験時間内で問題を解いてみましょう。

②解答ページを見て，自己採点する

1回分を解き終えたら，本書後半の解答ページを見て，採点をしましょう。

正解した問題は，問題ページの□欄に✔を入れましょう。自信がなかったものの正解できた問題には△を書き入れるなどして，区別してもよいでしょう。

配点表を見て，合計点を算出し，記入しましょう。

③解説を読む

特に正解できなかった問題は，理解できるまで解説をよく読みましょう。

正解した問題でも，より確実な，あるいは効率的な解答の導き方があるかもしれませんので，解説には目を通しましょう。

うろ覚えだったり知らなかったりした事柄は，ノートにまとめて，しっかり身につけましょう。

④復習する

問題ページの□欄に✔がつかなかった問題を解き直し，全ての□に✔が入るまで繰り返しましょう。

第10回まですべて終えたら，後日改めて第1回から全問解き直してみるのもよいでしょう。

☆アドバイス

◎試験問題を解き始める前に全問をざっと確認し，指定時間内で解くための時間配分を考えることが大切です。一つの問題に長時間とらわれすぎないようにしましょう。

◎かならずしも1から順に解く必要はありません。見慣れた形式の問題や得意分野の問題から解くなど，自分なりの工夫をしましょう。

◎時間が余ったら，必ず見直しをしましょう。

◎入試問題に出される複雑な計算問題は，工夫すると簡単な計算で処理できるものがあります。まずは工夫することを考えましょう。また，解説を読んで，その工夫の仕方も身につけましょう。

◎文章問題中の計算も同様に，計算の工夫をしましょう。通分や分母の有理化などは，どのタイミングでするのが効率的なのかも，解説を参考にしてみましょう。

◎無理な暗算は避け，ケアレスミスを防ぎましょう。実際の入試問題には，途中式の計算用として使える余白スペースがあることが多いので，それを有効活用できるよう，日ごろから心がけましょう。

◎問題集を解くときは，ノートや計算用紙を用意しましょう。空いているスペースをやみくもに使うのではなく，できる限り整然と，どこに何を記したのかわかるように書いていきましょう。そうすれば，見直しをしたときにケアレスミスも発見しやすくなります。

☆実力判定と今後の取り組み

◎まず第1回から第3回までを時間内にやってみて，解答を見て自己採点してみてください。

◎おおむね30点未満の場合は，先に進むことを一旦やめて，「偏差値65」の問題集を使うことをお勧めします。「偏差値65」の問題集でも難しいようだったら，教科書や教科書準拠の問題集などの学習に切り替えた方がよいでしょう。「偏差値65」の問題集で80点以上とれるようになってからこの問題集に戻ってください。

◎30点以上60点未満程度で，正答にいたらないにしても，取り組める問題が多い場合には，まずは第3回までの問題について，上記の＜問題集の使い方の例＞に示した方法で，徹底的に学習してから，第4回目以降に進んでいきましょう。その際，回ごとに，徹底的な復習が必要です。

◎60点以上80点未満の場合には，上記の＜問題集の使い方の例＞，＜アドバイス＞を参考に第10回目まで進み，その後，志望する高校の過去問題集に取り組んでみましょう。

◎80点以上の場合には，偏差値68程度以上の高校の合格点を取れる力が十分にあると言えます。志望校や同レベルの高校の過去問題集などに取り組んで，さらに学力を伸ばしていきましょう。

☆過去問題集への取り組み

ひととおり学習が進んだら，志望校の過去問題集に取り組みましょう。国立・私立高校は，学校ごとに問題も出題傾向も異なります。また，公立高校においても，都道府県ごとの問題にそれぞれ特色があります。自分が受ける高校の入試問題を研究し，対策を練ることが重要です。

一方で，これらの学習は，高校入学後の学習の基にもなりますので，入試が終われば必要ないというものではありません。そのことも忘れずに，取り組んでください。

頑張りましょう！

70 第1回

出題の分類

1 数と式
2 方程式
3 図形と関数・グラフの融合問題
4 平面図形
5 空間図形

▶解答・解説はP.46

時間	50分
目標点数	80点
1回目	/100
2回目	/100
3回目	/100

1 次の各問いに答えなさい。

□ (1) $\sqrt{85^2-84^2+61^2-60^2-2\times11\times13}$ を計算しなさい。

□ (2) $(x+1)^2+x+y-(y-1)^2$ を因数分解しなさい。

□ (3) 次の式をcについて解きなさい。

$$\frac{a(c-d)}{c+d}+\frac{b(c+d)}{c-d}=a+b$$

□ (4) 方程式 $3x+7y=100$ を満たす自然数の組$(x,\ y)$は何組あるか求めなさい。

2 次の各問いに答えなさい。

□ (1) 連立方程式$\begin{cases}(\sqrt{5}-1)x+y=\sqrt{5}-1\\x+(\sqrt{5}+1)y=\sqrt{5}+1\end{cases}$を解きなさい。

□ (2) 連立方程式$\begin{cases}\dfrac{1-x}{2}-\dfrac{3y-1}{4}=\dfrac{x+2y+5}{6}\\\dfrac{x+y+1}{xy}=\dfrac{3}{x}+\dfrac{2}{y}\end{cases}$を解きなさい。

3 下の図のように，傾き1の直線 ℓ は関数 $y=x^2$…①のグラフと2点A，Bで交わり，関数 $y=2x^2$…②のグラフと2点C，Dで交わっている。点Cの x 座標は a，点Aの x 座標は $a+1$ である。このとき，次の各問いに答えなさい。ただし，$a>0$ とする。

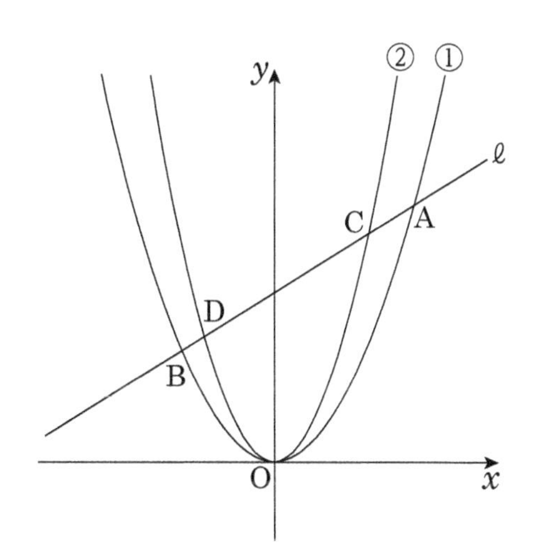

□ (1) a の値を求めなさい。

□ (2) 3つの三角形の面積の比
(△OBDの面積)：(△ODCの面積)：(△OCAの面積)を求めなさい。

□ (3) ①のグラフ上のBからAまでの間に点Pを，△OPDの面積が，△OBDの面積と△OACの面積の和と等しくなるようにとるとき，点Pの x 座標を求めなさい。

4 右の図のように，AB＝$\frac{25}{2}$を直径とする円Oがある。円Oの周上にAB⊥CDとなる点C，Dをとり，直径ABとCDの交点をHとする。このとき，AH：CH＝4：3となった。また∠ADCの二等分線と直径AB，円Oとの交点をそれぞれE，Fとする。このとき，次の各問いに答えなさい。

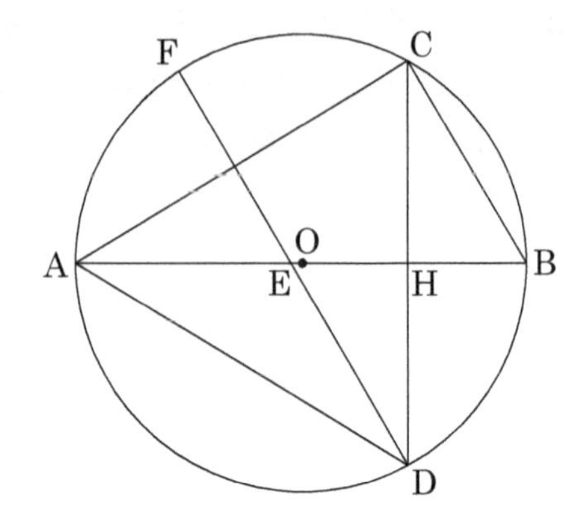

□ (1) ACの長さを求めなさい。

□ (2) EHの長さを求めなさい。

□ (3) DE：EFを最も簡単な整数の比で表しなさい。

5 右の図のように，すべての辺の長さが2の正四角すいO－ABCDの表面に，辺OAの中点Mから頂点Cまで，2本のひもを，それぞれ辺OBと辺ABに交わるように，ゆるまないようにかける。ただし，ひもの太さは無視できるものとする。このとき，次の各問いに答えなさい。

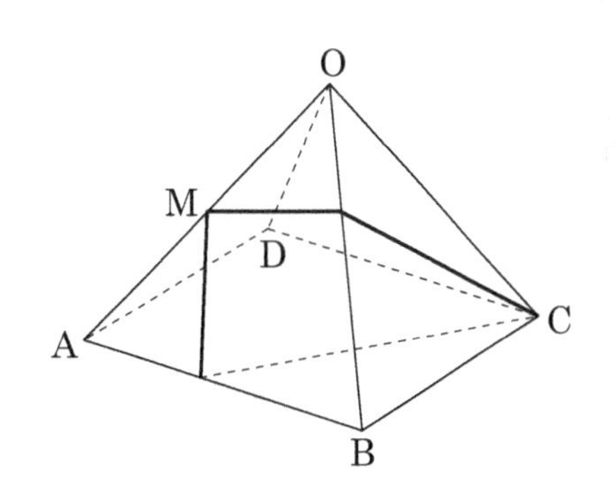

□ (1) 線分MCの長さを求めなさい。

□ (2) 辺OBに交わるようにかけたひもの長さを求めなさい。

□ (3) 2本のひもで2つに分けられた正四角すいの表面のうち，点Bを含む側の面積を求めなさい。

出題の分類

1 数と式
2 方程式
3 図形と関数・グラフの融合問題
4 平面図形
5 空間図形

▶解答・解説はP.49

時　間：50分 目標点数：80点	
1回目	／100
2回目	／100
3回目	／100

1 次の各問いに答えなさい。

□ (1) $\dfrac{63\sqrt{2}+2\sqrt{7}}{\sqrt{98}}-\dfrac{\sqrt{42}-14\sqrt{3}}{7\sqrt{3}}$ をできるだけ簡単にしなさい。

□ (2) $2x^2y-x-2xy^2+y$ を因数分解しなさい。

□ (3) 最大公約数が24，最小公倍数が720である2つの3ケタの自然数a，bを求めなさい。ただし，$a<b$とする。

□ (4) 連立方程式 $\begin{cases} \dfrac{1}{x}+\dfrac{1}{y}=-5 \\ xy=4 \end{cases}$ を解きなさい。ただし，$x>y$とする。

2 $2 \leqq a \leqq 99$を満たす整数aについて，次の各問いに答えなさい。

□ (1) a^3-aが100の倍数となるようなaの値をすべて加えるといくつになるか求めなさい。

□ (2) a^3-aが91の倍数となるようなaの値をすべて加えるといくつになるか求めなさい。

3　放物線$y=x^2$上の点A，Bのx座標をそれぞれ-1，$\frac{3}{2}$とする。直線OAと直線OBが放物線$y=ax^2$と交わる点のうち原点Oと異なる点をそれぞれ点C，Dとする。$a<0$のとき，次の各問いに答えなさい。

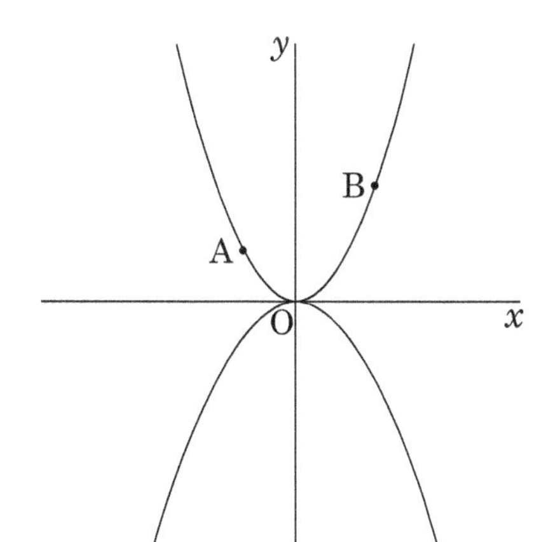

□ (1)　直線ABの方程式を求めなさい。

□ (2)　点Cの座標をaを用いて表しなさい。

□ (3)　直線CDの傾きを求めなさい。

□ (4)　直線CDの方程式を求めなさい。

□ (5)　△OABと△OCDの面積比が3：4のとき，aの値を求めなさい。

4 次の各問いに答えなさい。

□ (1) 右の図のように，線分ABを直径とする半径3の半円Oの円周上に2点P，Qがある。APとBQを延長して交わった点をRとする。$\angle$ARB＝72°のとき，$\overset{\frown}{PQ}$の長さを求めなさい。

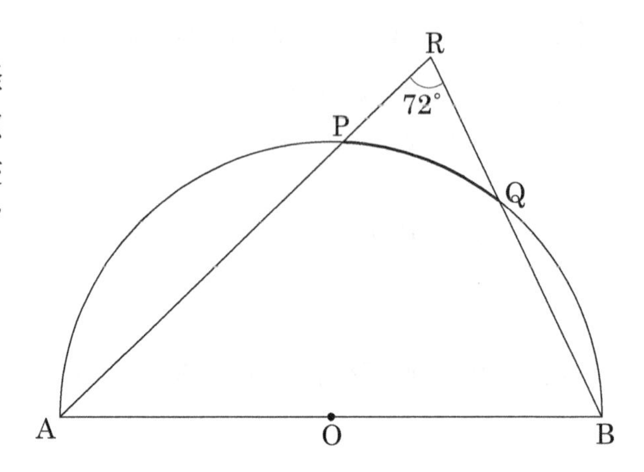

□ (2) 右の図のように，1辺の長さが8の正方形ABCDがある。BE＝3，DF＝2で，図の(ア)と(イ)の部分の面積が等しいとき，DGの長さを求めなさい。

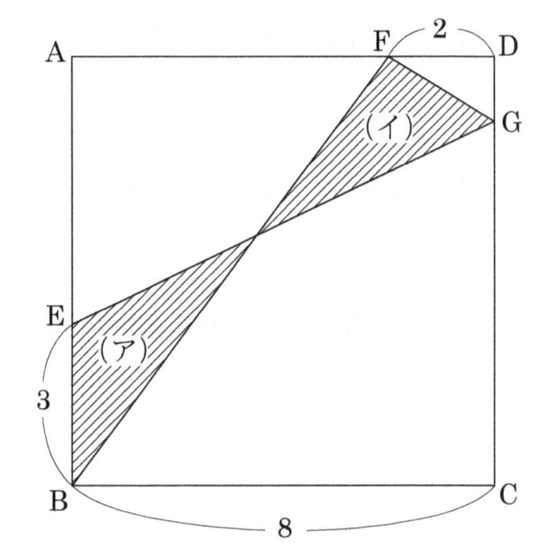

□ (3) 点Oを中心とする円に内接する△ABCがあり，AB＝AC＝6，BC＝4である。この円の半径を求めなさい。

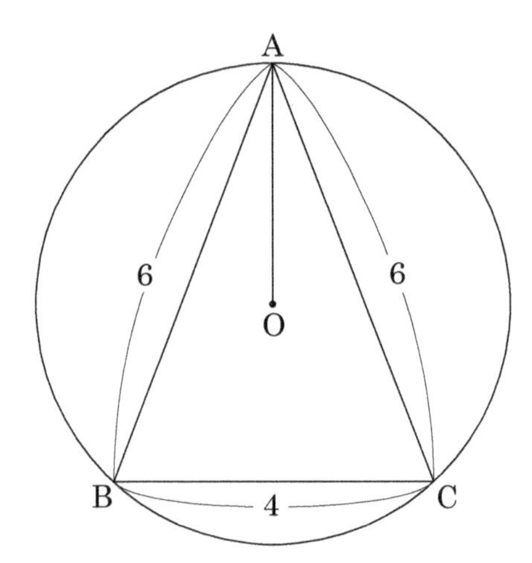

5　図のような1辺の長さが6の立方体ABCD－EFGHがある。4点B，D，E，Gを頂点とする立体をアと呼ぶことにする。立体アについて，次の各問いに答えなさい。

□　(1)　立体アの名称と体積を求めなさい。

□　(2)　辺BF上にBP：PF＝1：2となる点Pをとり，点Pを通り面ABCDと平行な平面で立体アを切る。このときの断面積Sを求めなさい。また，それによってできた2つの立体のうち，頂点Bを含む立体の体積Vを求めなさい。

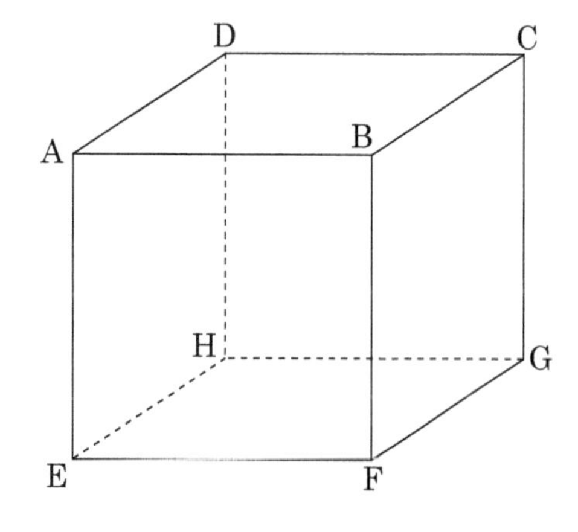

70
第3回

出題の分類

1 数と式
2 数の性質，統計
3 図形と関数・グラフの融合問題
4 平面図形
5 平面図形
6 空間図形

▶解答・解説はP.53

時間：50分
目標点数：80点
1回目　／100
2回目　／100
3回目　／100

1 次の各問いに答えなさい。

□ (1) $-\dfrac{x^3}{18}\times(-2y)^2\div\left(-\dfrac{2}{3}xy\right)^3$ を計算しなさい。

□ (2) $\dfrac{\sqrt{2}(\sqrt{2}+\sqrt{3}+\sqrt{5})(\sqrt{2}+\sqrt{3}-\sqrt{5})}{\sqrt{12}}$ を計算しなさい。

□ (3) 2次方程式$\left(x+\dfrac{1}{4}\right)^2-\dfrac{1}{2}=\dfrac{3}{2}\left(x+\dfrac{1}{4}\right)$ を解きなさい。

□ (4) 自然数a，b，Xについて，Xを19で割ると商がa，余りが$2b$となる。また，Xを8で割ると商がb，余りがaとなる。このとき，$(a,\ b)$の組をすべて求めなさい。

2 次の各問いに答えなさい。

□ (1) aとbは2以上の自然数であり，$a<b$を満たす。bをaで割ったときの商をq，余りをrとすれば，$b=aq+r(0\leqq r<a)$と表せ，さらに$\dfrac{a}{b}=\dfrac{1}{q+1}+\dfrac{a-r}{b(q+1)}$が成り立つ。これを用いて$\dfrac{2}{5}$を，分子が1で分母の異なる2つの分数の和で表しなさい。

□ (2) 40人のクラスで3問からなる試験を行った。問題Aは配点が5点，問題Bは配点が7点，問題Cは配点が3点であり，各問題の得点は満点か0点のいずれかである。問題Aの正解者は28名，問題Bの正解者は22名，問題Cの正解者は，全員，問題AとBを両方正解していた。また，問題Cの正解者数は問題AとBを両方正解した生徒のうちのちょうど4割だった。
この試験の得点分布の平均値として考えられる数値をすべてあげると，［①］となり，このうち最も高い平均値の場合について考えると，得点分布の中央値は［②］である。このとき，①と②の値を求めなさい。

3 下の図のように，放物線$y=ax^2$と直線ℓが2点A，Bで交わっている。直線ℓの傾きは$-\dfrac{1}{2}$であり，A，Bのx座標はそれぞれ-2，1である。このとき，次の各問いに答えなさい。

□ (1) aの値を求めなさい。

□ (2) 放物線上に2点C$(-4,\ 16a)$，Dをとり，四角形ABDCがAB//CDの台形となるとき，点Dの座標を求めなさい。

□ (3) (2)の台形ABDCと△EBDの面積が等しくなるように，直線ℓ上に点Eをとるとき，点Eの座標を求めなさい。ただし，点Eのx座標は-2より小さいものとする。

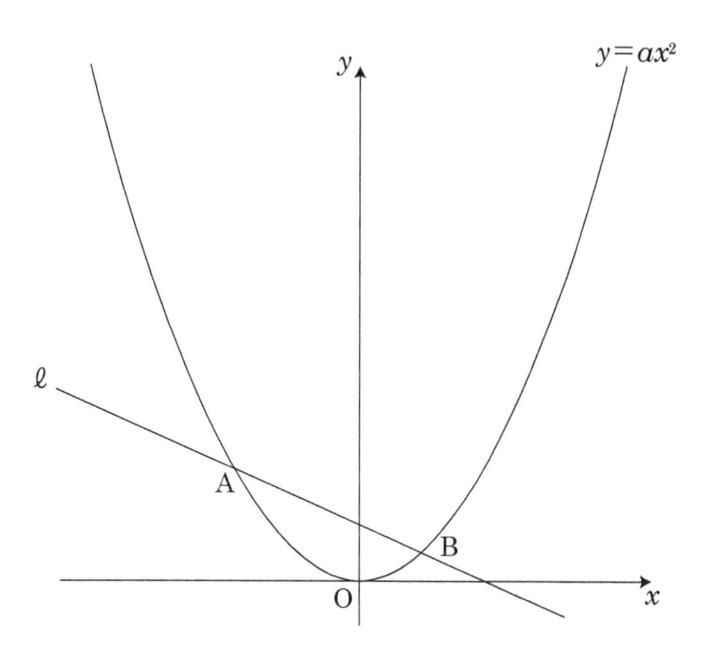

4 右の図のように，線分BCを直径とする半円と，弧BC上の点Aがある。∠ABCの二等分線と∠ACBの二等分線との交点をIとし，点Iから辺BCに垂線IHをひく。また，BC＝3cm，IC＝2cmである。このとき，次の各問いに答えなさい。

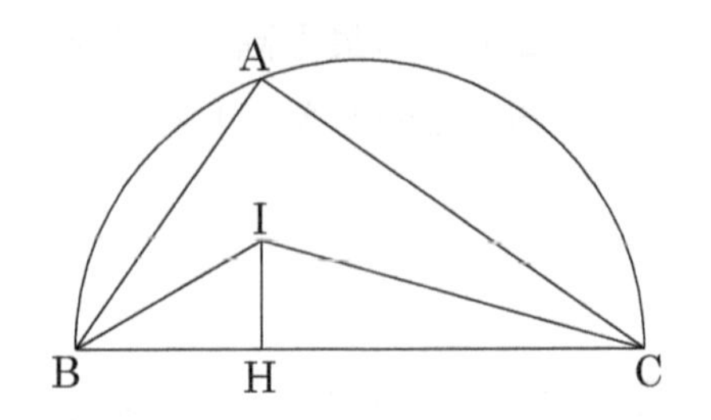

□ (1) ∠BICの大きさを求めなさい。

□ (2) IHの長さを求めなさい。

5 BC＝4，∠ABC＝45°の平行四辺形ABCDがある。下の図のように，△AEBと△AFDが正三角形となるように点E，Fをとる。直線EFと直線CDとの交点をGとすると，∠DGF＝15°となった。このとき，次の各問いに答えなさい。

□ (1) ∠FEAの大きさを求めなさい。

□ (2) EFの長さを求めなさい。

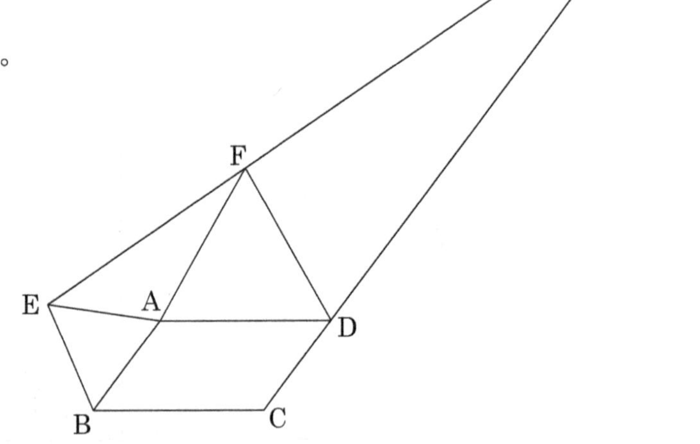

6 右の図のように，1辺の長さが6の正四面体OABCがある。辺OB上にOD：DB＝2：1となる点D，辺OC上にOE：EC＝2：1となる点Eをとる。このとき，次の各問いに答えなさい。

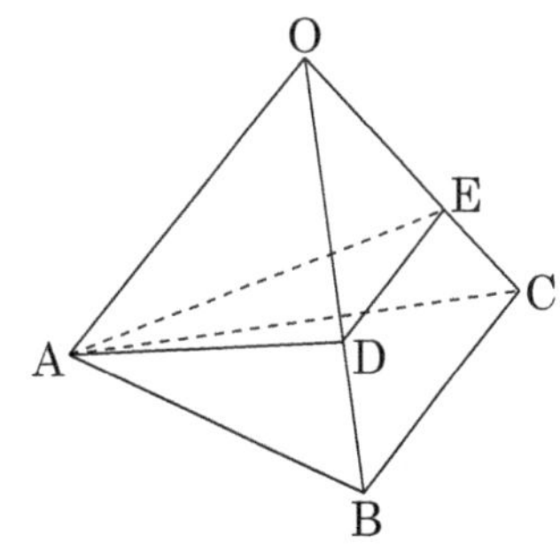

□ (1) △ADEの面積を求めなさい。

□ (2) 頂点Oから平面ADEに垂線をひき，平面ADEとの交点をHとするとき，OHの長さを求めなさい。

第4回

出題の分類

1 数と式，演算記号
2 場合の数
3 図形と関数・グラフの融合問題
4 平面図形
5 空間図形

▶解答・解説はP.57

時　間：50分
目標点数：80点

1回目	/100
2回目	/100
3回目	/100

1 次の各問いに答えなさい。

□ (1) $(3\sqrt{2}-2\sqrt{3})^2-(3\sqrt{2}+2\sqrt{3})^2+\frac{6(\sqrt{2}-\sqrt{3})}{\sqrt{3}}+6$ を計算しなさい。

□ (2) $-x^2+y^2+4x-4$ を因数分解しなさい。

□ (3) $\frac{1}{3-2\sqrt{2}}$の整数部分をa，小数部分をbとするとき，$3a+4b+b^2$の値を求めなさい。

□ (4) 2つの数a，bに対して，記号「◎」を次のように約束する。
$a◎b=3a^2+2b^2-ab$
このとき，$2◎x=x◎1$を満たすxの値をすべて求めなさい。

2 表にK，E，I，Oが1字ずつ書かれているカードがそれぞれ4枚あり，同じアルファベットの4枚のカードの裏にはそれぞれ1，2，3，4が1字ずつ書かれている。これら16枚のカードから4枚を同時に取り出すとき，次の各問いに答えなさい。

□ (1) 取り出した4枚のカードのアルファベットがすべて異なり，裏に書かれている数字もすべて異なる場合は何通りあるか求めなさい。

□ (2) 取り出した4枚のカードのアルファベットが2種類で，裏に書かれている数字が3種類である場合は何通りあるか求めなさい。

3 下の図のように放物線$y=\frac{1}{3}x^2$と点A$\left(-6,\ \frac{22}{3}\right)$があり，放物線上の点で$x$座標が$-5$，1，2であるものをB，C，Qとする。また，直線ABとy軸との交点をPとし，点Rは線分AC上の点とする。このとき，次の各問いに答えなさい。

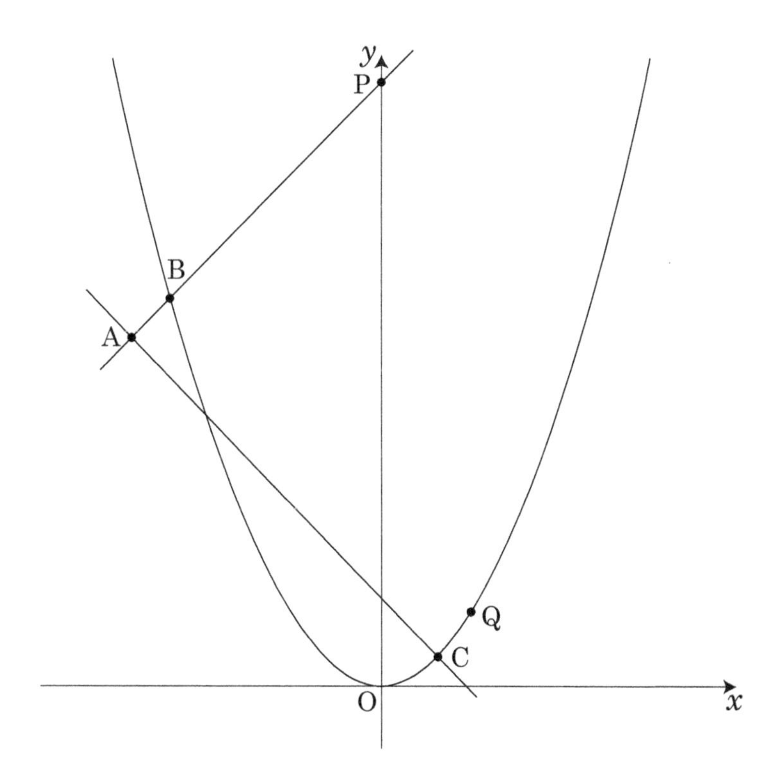

□ (1) 直線ABの方程式を求めなさい。

□ (2) 線分比PA：QCを求めなさい。

□ (3) ∠PRQ＝90°となる点Rの座標をすべて求めなさい。

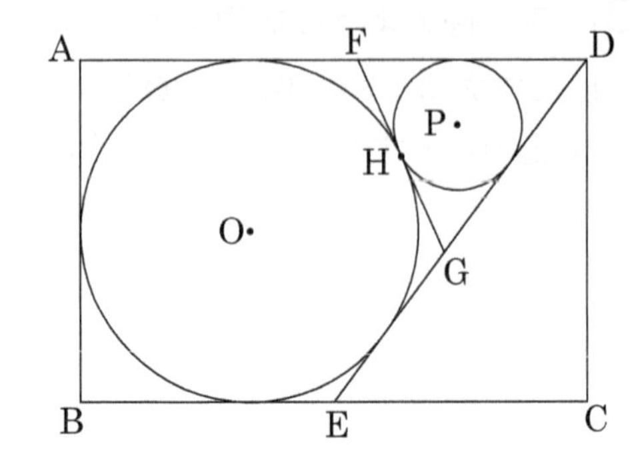

4 右の図のように，AB＝10，AD＝17の長方形ABCDがある。円Oは四角形ABEDに接している。円Pは辺AD，DEと円Oに接している。2つの円O，Pの接点をHとする。線分FGは点Hを通り，線分OPと垂直である。このとき，次の各問いに答えなさい。

□ (1) DOの長さを求めなさい。

□ (2) 円Pの半径を求めなさい。

□ (3) FGの長さを求めなさい。

□ (4) ECの長さを求めなさい。

5　右の図のような，1辺が4cmの正方形ABCDを底面とし，OA＝OB＝OC＝OD＝$4\sqrt{2}$ cmとする正四角すいO－ABCDがある。辺OC上にBC＝BPとなる点Pをとり，Pを通り辺CDに平行な直線をひいて，辺ODとの交点をQとする。このとき，次の各問いに答えなさい。

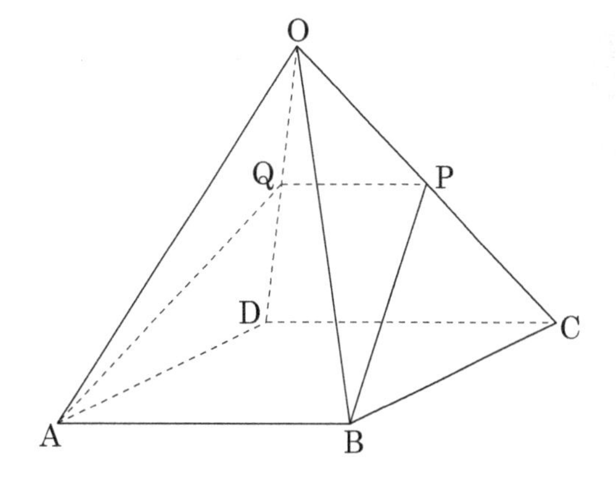

□　(1)　CPの長さを求めなさい。

□　(2)　四角形PQABの面積を求めなさい。

□　(3)　立体O－PQABの体積は，正四角すいO－ABCDの体積の何倍か求めなさい。

第5回

出題の分類

1 数と式
2 平面図形
3 図形と関数・グラフの融合問題
4 図形と関数・グラフの融合問題
5 空間図形

▶解答・解説はP.61

時　間：50分
目標点数：80点

1回目	/100
2回目	/100
3回目	/100

1 次の各問いに答えなさい。

□ (1) $\left(\dfrac{\sqrt{5}+\sqrt{3}-\sqrt{2}}{\sqrt{2}}\right)^3\left(\dfrac{\sqrt{5}-\sqrt{3}+\sqrt{2}}{\sqrt{2}}\right)^3$ を計算しなさい。

□ (2) $\left(-\dfrac{2a}{3}\right)^3\div\left(\dfrac{4}{3a}\right)^2-3a\div\left(\dfrac{2}{a^2}\right)^2$ を計算しなさい。

□ (3) xは方程式$x^2-5x+3=0$を満たす小さい方の数とする。このとき，次の式の値を求めなさい。

$$\frac{x(x+\sqrt{13})}{x^2-5x+9}$$

□ (4) xについての2次方程式$x^2-2(a+6)x+a^2+8a=0$の解が$x=-3$のみであるとき，aの値を求めなさい。

2 次の各問いに答えなさい。

□ (1) 右の図のように，半径6cm，中心角AOB＝90°のおうぎ形があり，このおうぎ形の周上に，∠BOC＝30°となる点Cをとる。線分OCの延長線上に∠OBD＝90°となる点Dをとるとき，図の色のついた部分の面積の合計を求めなさい。

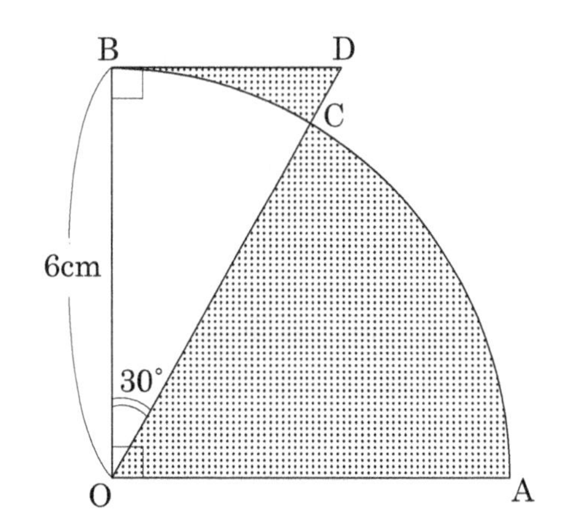

□ (2) 長方形ABCDの内部に点Pがある。PA＝4，PC＝10，PD＝6のときPBを求めなさい。

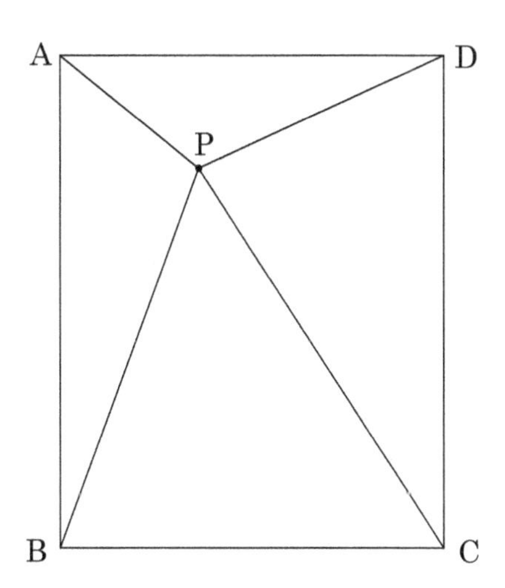

3　下の図のように放物線C：$y=x^2$と，放物線$y=-x^2$をy軸方向に8だけ平行に移動し，頂点が(0，8)となる放物線D：$y=-x^2+8$がある。点A，Bは放物線CとDの交点で，点PはDと直線OA，点QはDと直線OBの交点である。このとき，次の各問いに答えなさい。

□ (1)　点Aの座標を求めなさい。

□ (2)　点Pの座標を求めなさい。

□ (3)　三角形OPQの周および内部に含まれる格子点(x，y座標がともに整数の点)の個数を求めなさい。

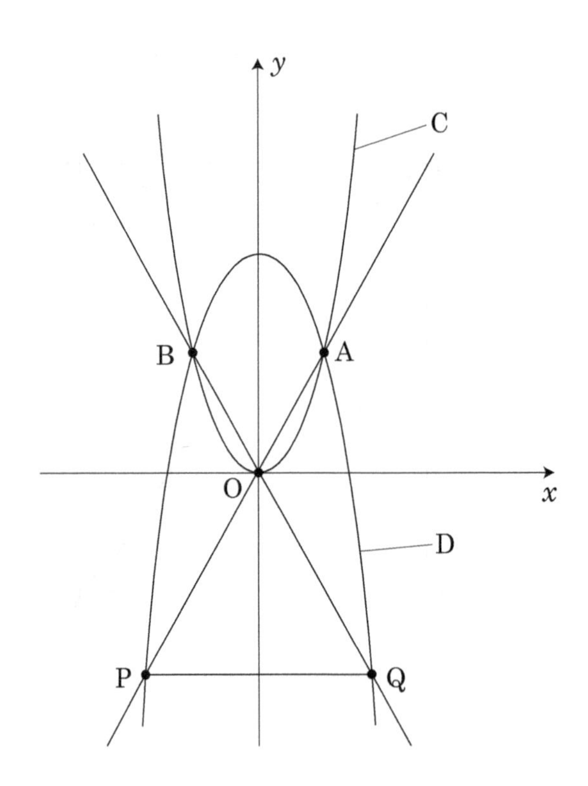

4 右の図のように放物線$y=x^2$と直線ℓ：$y=\frac{4}{3}x+8$があり，放物線上の点Pを中心とする円がx軸と直線ℓに接している。次の各問いに答えなさい。

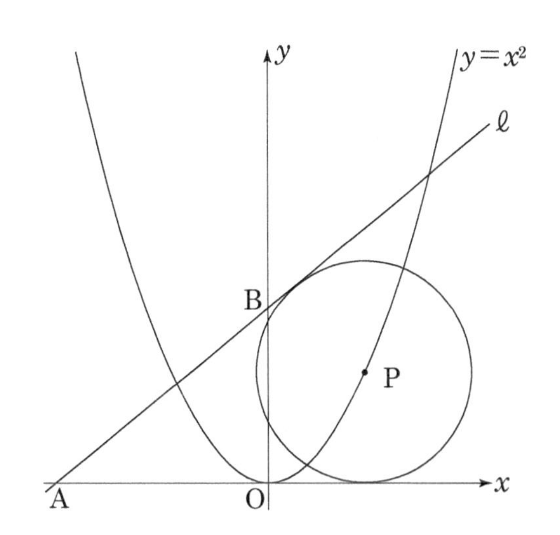

□ (1) 直線ℓとx軸との交点Aの座標を求めなさい。

□ (2) 直線ℓとy軸との交点をBとするとき，線分ABの長さを求めなさい。

□ (3) 直線APとy軸との交点Cの座標を求めなさい。

□ (4) 点Pの座標を求めなさい。ただし，点Pのx座標は正とする。

5 1辺の長さ4の正四面体OPQRがある。次の各問いに答えなさい。

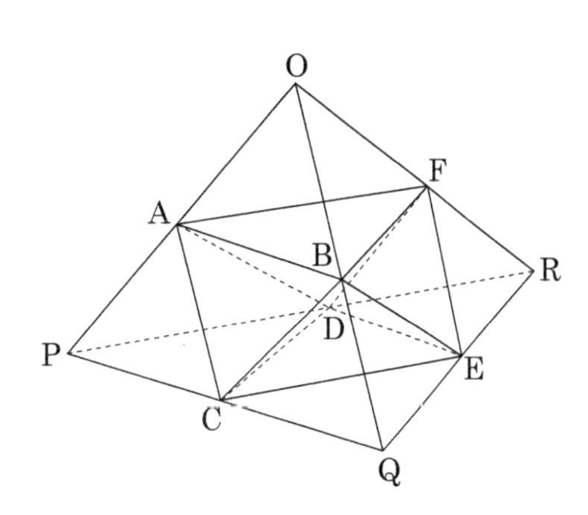

□ (1) 正四面体OPQRの各辺の中点A，B，C，D，E，Fを頂点とする多面体の体積を求めなさい。ただし，1辺の長さaの正四面体の体積は$\frac{\sqrt{2}}{12}a^3$であることを用いてよい。

□ (2) 多面体ABCDEFの各辺の中点を頂点とする多面体の体積を求めなさい。

出題の分類

1 数と式
2 場合の数
3 図形と関数・グラフの融合問題
4 平面図形
5 空間図形

▶解答・解説はP.64

1 次の各問いに答えなさい。

□ (1) $(x-3)(x-1)(x+5)(x+7)-960$ を因数分解しなさい。

□ (2) 連立方程式 $\begin{cases} (3-x):(y+1)=5:2 \\ 3y+2z=1 \\ 5x+2y+z=1 \end{cases}$ を解きなさい。

□ (3) $\sqrt{5}$ の小数部分をa，$\sqrt{3}$ の小数部分をbとするとき，$(2b-a)^2$の値を求めなさい。

□ (4) aを自然数とする。$a \leqq \sqrt{x} \leqq a+1$を満たす自然数$x$の個数がちょうど40個あるとき，$a$の値を求めなさい。

2 1から10までの整数が書かれた10枚のカードと，記号＋，－，×が書かれた3枚のカードがある。数字の書かれたカードから2枚，記号のカードから1枚の合計3枚を同時に取り出す。このとき，<例>のような計算を行う。ただし，「－」のカードが出たときのみ，大きい数から小さい数を引くこととする。

<例> 数字のカードが，3と7で，記号のカードが＋の場合は，$3+7=10$

数字のカードが，3と7で，記号のカードが×の場合は，$3\times7=21$

数字のカードが，3と7で，記号のカードが－の場合は，$7-3=4$

このとき，次の各問いに答えなさい。

□ (1) 計算の結果が「7」になるのは全部で何通りあるか求めなさい。

□ (2) 計算の結果が「5の倍数」になるのは全部で何通りあるか求めなさい。

3 放物線C：$y=\frac{1}{4}x^2$について，x座標が4であるC上の点をPとし，点Pを通り傾きが$-\frac{1}{2}$である直線をℓとする。ℓとy軸との交点をQとし，ℓとCの交点のうちPでない点をRとする。このとき，次の各問いに答えなさい。

□ (1) 点Rの座標を求めなさい。

□ (2) △OPRの面積を求めなさい。

□ (3) 線分PQの垂直二等分線の方程式を求めなさい。

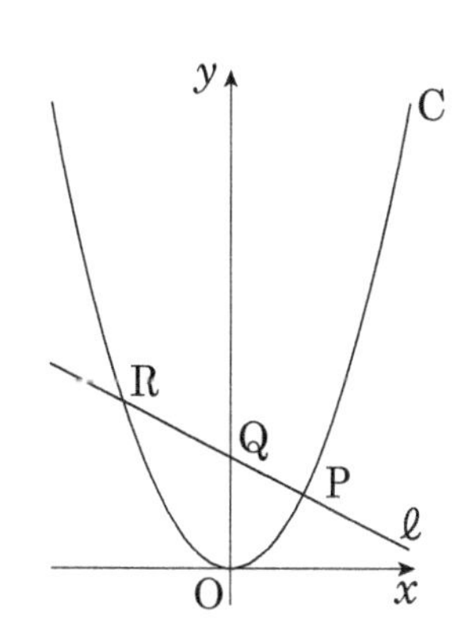

□ (4) 点Pを通りy軸に平行な直線をmとし，直線ℓを対称の軸として，直線mと対称な直線をnとする。直線nとy軸との交点をSとするとき，点Sのy座標を求めなさい。

4 右の図のように，AB＝10，BC＝9，CA＝8の△ABCがあり，辺BCの中点をMとする。直線ADは∠BACの二等分線であり，直線ADと辺BCとの交点をPとする。AD⊥BDのとき，次の各問いに答えなさい。

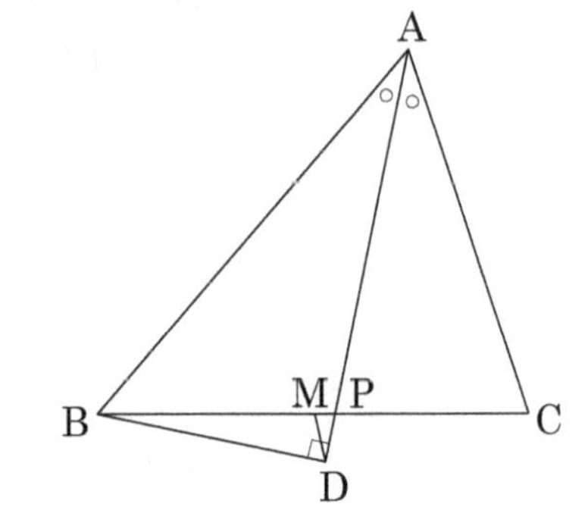

□ (1) MPの長さを求めなさい。

□ (2) AD：PDを最も簡単な整数の比で表しなさい。

□ (3) MDの長さを求めなさい。

5 下の図のように，ある平面上に辺の長さが2の正三角形ABCがある。線分AX，BY，CZはこの平面にそれぞれ垂直であり，直線XY，YZ，ZXとこの平面の交点をそれぞれP，Q，Rとする。AX＝3，BY＝1，CZ＝2のとき，次の各問いに答えなさい。

□ (1) 線分PRの長さを求めなさい。

□ (2) △CQPの面積を求めなさい。

□ (3) 6つの点B，Y，C，Z，P，Rを頂点とする多面体の体積を求めなさい。

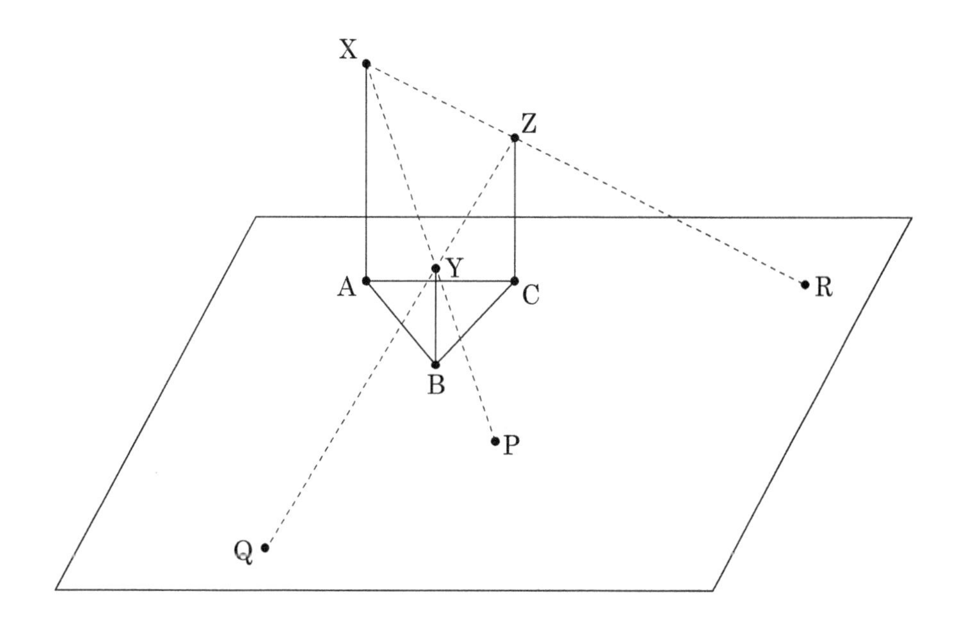

第7回

出題の分類

1 数と式，数の性質
2 規則性
3 図形と関数・グラフの融合問題
4 平面図形
5 空間図形

▶解答・解説はP.67

時　間：50分
目標点数：80点

1回目	/100
2回目	/100
3回目	/100

1 次の各問いに答えなさい。

□ (1) $3.14159\times7.55052+2.44948\times2.23606+0.90553\times2.44948$ を計算しなさい。

□ (2) 連立方程式 $\begin{cases}\dfrac{1}{x}+\dfrac{1}{y}=3\\[2mm]\dfrac{2}{x}-\dfrac{1}{y}=1\end{cases}$ を解きなさい。

□ (3) $xy=(x+2)^2$ をみたす自然数の組 $(x,\ y)$ をすべて求めなさい。

(4) 494，32123のように数字の並び方が左からも右からも同じである正の整数を回文数という。

□ ① 3ケタの正の整数で5をかけると回文数になる数のうち，最も小さい数と最も大きい数を求めなさい。

□ ② 3ケタの正の整数で15の倍数である回文数のうち，最も大きい数を求めなさい。

2 1日目は1円, 2日目は2円, …というように, 毎日1円ずつ金額を増やして貯金していき, 両替が可能な金額がたまり次第, 5円硬貨, 10円硬貨を用いて手持ちの硬貨をできるだけ少なくしていく。

例えば, 3日目には1＋2＋3で6円がたまるので, 手持ちの硬貨は5円硬貨1枚と1円硬貨1枚となる。このとき, 次の各問いに答えなさい。

□ (1) はじめて1円硬貨と5円硬貨がともに手持ちからなくなるのは4日目であるが, 2回目にそうなるのは何日目か求めなさい。

□ (2) 1日目から50日目までの間で, 1円硬貨と5円硬貨がともに手持ちからなくなる日は, 全部で何回あるか求めなさい。

□ (3) 123回目に1円硬貨と5円硬貨がともに手持ちからなくなるのは何日目か求めなさい。

3 原点をOとする座標平面上において, 直線ℓ : $y=ax+4$とy軸との交点をA, OAの中点をB, 直線ℓと直線m : $y=\frac{1}{2}x$との交点をCとする。BC＝2のとき, 次の各問いに答えなさい。

□ (1) aの値を求めなさい。

(2) △OACの3つの辺に接する円をPとし, 円Pの半径をrとする。

□ ① OCの長さを求めなさい。

□ ② rの値を求めなさい。

□ (3) 直線ℓ, mおよびy軸の3つの直線に接し, 中心のx座標, y座標がともに正となる円のうち, (2)でない円をQとする。円Qの中心のx座標, y座標をそれぞれ求めなさい。

4　下の図のように，点Oを中心とする半径5の円の周上に2点A，Bがあり，AB＝8である。点Bを通り直線OAに垂直な直線と円Oの交点のうち，Bでない方の点をCとする。点Cを通り直線ABに垂直な直線と円Oの交点のうち，Cでない方の点をDとする。直線ABと直線CDの交点をEとし，直線BCと直線OAの交点をFとする。このとき，次の各問いに答えなさい。

□ (1)　線分OFの長さを求めなさい。

□ (2)　線分BDの長さを求めなさい。

□ (3)　点Eを通り直線OAに平行な直線と直線ADの交点をGとする。このとき，線分DGの長さを求めなさい。

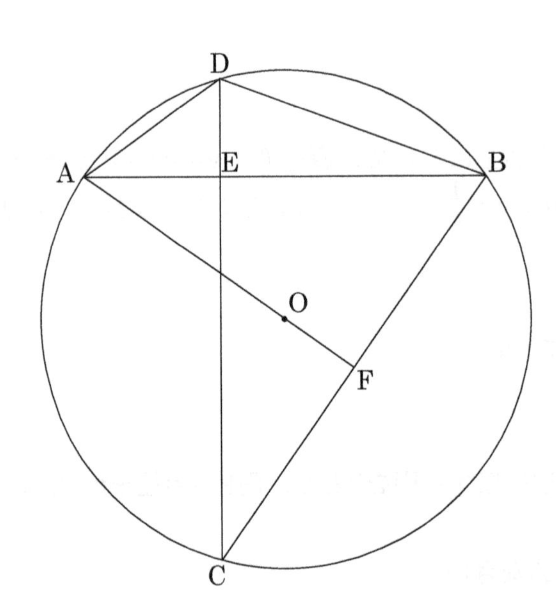

5　下の図のような一辺が$2a$cmの立方体がある。点P，Qはそれぞれ頂点A，Gを出発して，毎秒$a$cmの速さで辺の上を動き，辺の上では次の頂点に着くまでは向きを変えることはない。P，Qは出発のときは，それぞれA，Gを含むどの辺の上も進めるが，出発のとき以外は頂点では，進んできた辺の上を戻ることはできない。また，各頂点では，進むことのできるどの辺も選ばれる確率はすべて同じである。このとき，次の各問いに答えなさい。

□　(1)　2秒後に線分PQの長さが$2a$cmになる確率を求めなさい。

□　(2)　5秒後にP，Qが到達した点をそれぞれP′，Q′とする。P′，Q′が動いた結果が(ア)～(ウ)であったとき，P′とQ′の位置を図の中に書きなさい。ただし，P′とQ′は異なる点とする。

(ア)　P′とQ′は，正方形BCGFの辺の上にある。

(イ)　線分CP′の長さは$2a$cm以下である。

(ウ)　Pの経路とQの経路が重なっているところはない。

□　(3)　(2)のとき，3点P′，Q′，Hを通る平面でこの立方体を切断したとき，断面の面積を求めなさい。

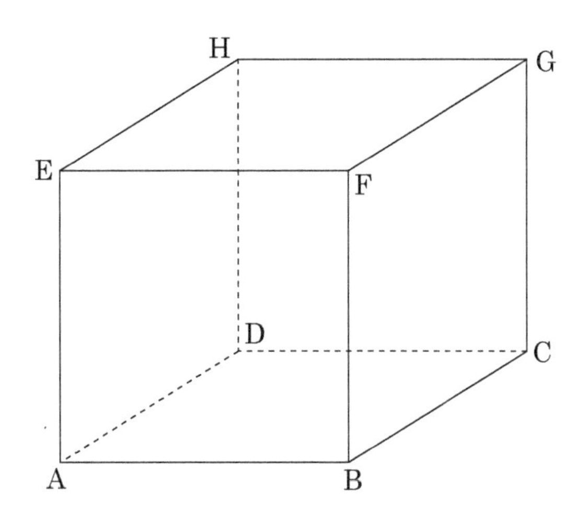

第8回

出題の分類

1 数と式，演算記号，場合の数
2 確率
3 図形と関数・グラフの融合問題
4 平面図形
5 空間図形

▶解答・解説はP.71

時間：50分
目標点数：80点
1回目 ／100
2回目 ／100
3回目 ／100

1 次の各問いに答えなさい。

□ (1) $\frac{1}{1\times2}+\frac{1}{2\times3}+\frac{1}{3\times4}+\frac{1}{4\times5}+\frac{1}{5\times6}+\frac{1}{6\times7}+\frac{1}{7\times8}+\frac{1}{8\times9}$ を計算しなさい。

□ (2) $x+y=\sqrt{11}$，$x-y=\sqrt{3}$ のとき，x^5y^5の値を求めなさい。

(3) $[a_0;a_1,\ a_2,\ a_3]=a_0+\cfrac{1}{a_1+\cfrac{1}{a_2+\cfrac{1}{a_3}}}$ と表すことにする。例えば，

$$[2;1,\ 2,\ 3]=2+\cfrac{1}{1+\cfrac{1}{2+\cfrac{1}{3}}}=\frac{27}{10}$$ である。

□ ① $[1;1,\ 1,\ 2]$を分数で答えなさい。

□ ② $[3;7,\ 15,\ 1]$を小数第3位を四捨五入し，小数第2位まで求めなさい。

□ (4) 下の図のような1辺の長さが等しい3つの立方体をつなげた立体について，各辺を経路とするとき，AからBを通るCまでの最短経路は何通りか，求めなさい。

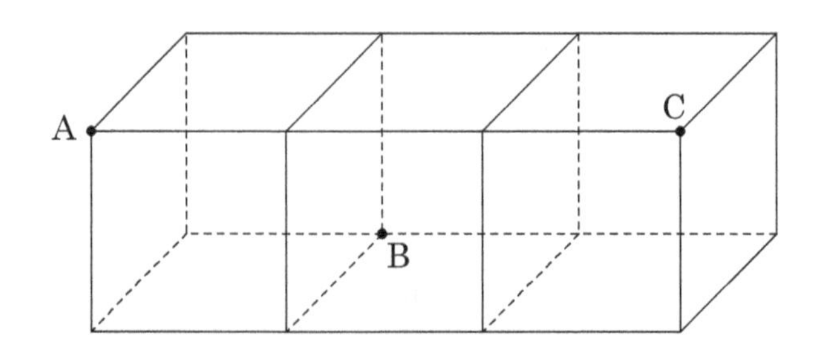

2 右の図のように，座標平面上に4点A(1, 2)，B(4, 2)，C(4, 4)，D(1, 4)を頂点とする長方形ABCDがある。このとき，次の各問いに答えなさい。

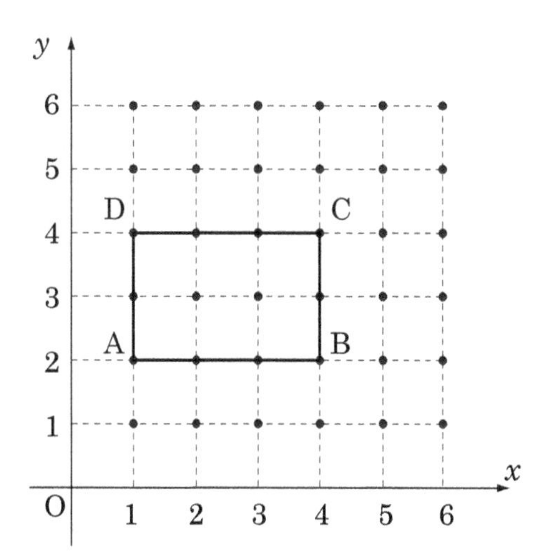

□ (1) 大，小2個のさいころを投げて出た目の数をそれぞれa，bとする。
2点P(a, b)，Q(0, 2)をとるとき，直線PQが長方形ABCDの頂点を通る確率を求めなさい。

□ (2) 大，中，小3個のさいころを投げて出た目の数をそれぞれc，d，eとする。2点R(c, d)，S(0, e)をとるとき，直線RSが長方形ABCDの面積を二等分する確率を求めなさい。

3 図1のように，関数$y=x^2$のグラフ上にx座標が正の奇数である点をとる。それらの点からy軸に垂線をひく。また，このグラフ上でx座標が1の点と3の点とを線分で結ぶ。同じように，このグラフ上でx座標が3の点と5の点，x座標が5の点と7の点，……と順に線分で結んでいく。このとき，図1のようにできる四角形を，下から順に，1番目の四角形，2番目の四角形，3番目の四角形，……とする。このとき，次の各問いに答えなさい。

図1

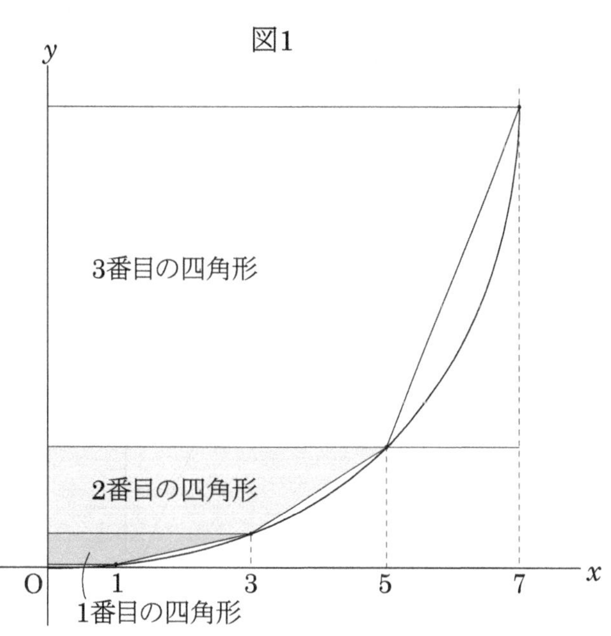

□ (1) 3番目の四角形の面積を求めなさい。

□ (2) nを正の整数とする。n番目の四角形の面積を，nを用いた式で表しなさい。

□ (3) 図2のように，関数$y=x^2$のグラフ上にx座標が正の偶数である点をさらにとる。このグラフ上でx座標が1，2，3である3点を頂点とする三角形を考える。同じように，このグラフ上でx座標が3，4，5である3点を頂点とする三角形，x座標が5，6，7である3点を頂点とする三角形，……と，x座標が奇数，偶数，奇数の順で連続する3つの正の整数である3点を頂点とする三角形を考える。このとき，これらすべての三角形の面積が等しいことを示しなさい。

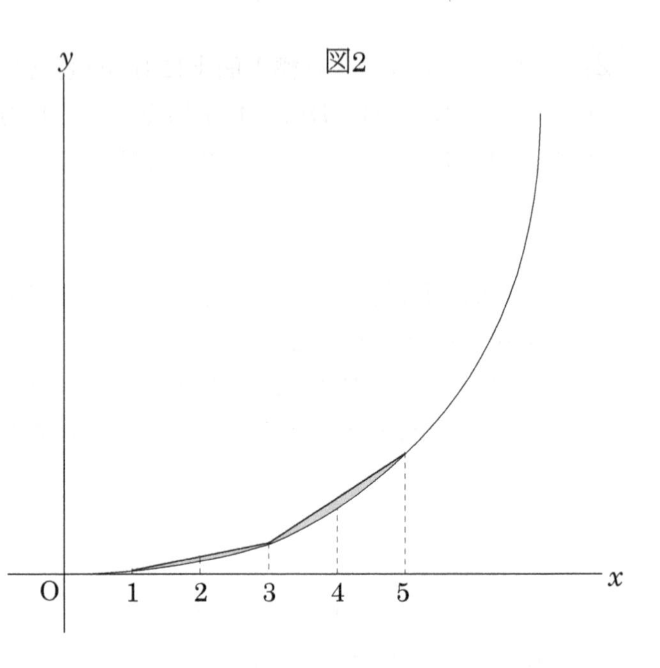

4 次の各問いに答えなさい。

□ (1) 図1のようなABを直径とする半円Oがある。円周上の点CからABに垂線CHをひく。AH＝1，HB＝aのとき，CHの長さをaを用いて表しなさい。

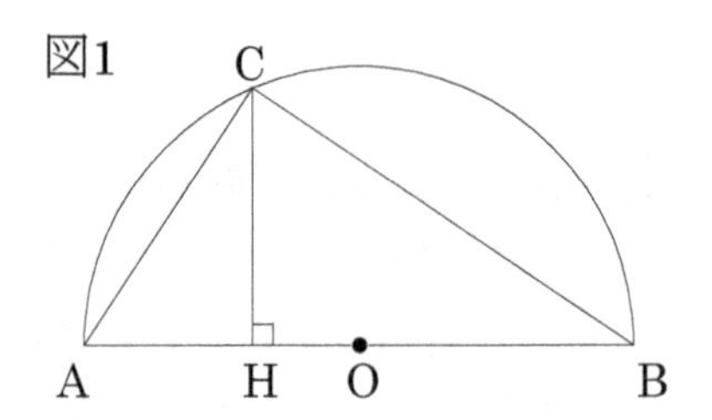

(2) 図2のようなAD＝1，AB＝b $(1<b<2)$の長方形ABCDがある。まず辺AB上に点Eをとり，さらにDE⊥CFとなるように線分DE上に点Fをとった。次に長方形ABCDから△AED，△CDF，四角形EBCFを切り取り，3つの図形をすき間なく並べたところ，図3のような正方形ができた。

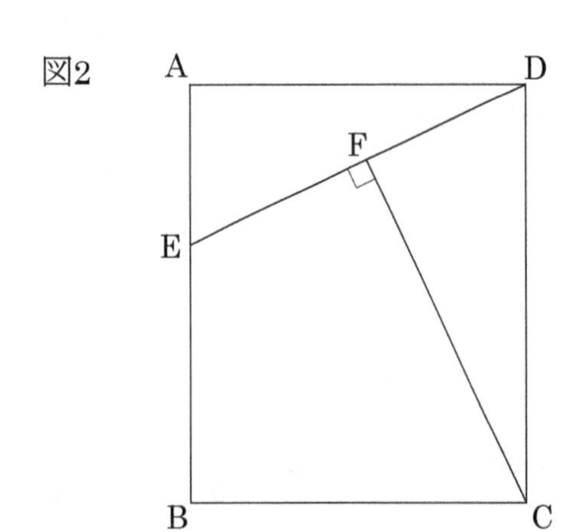

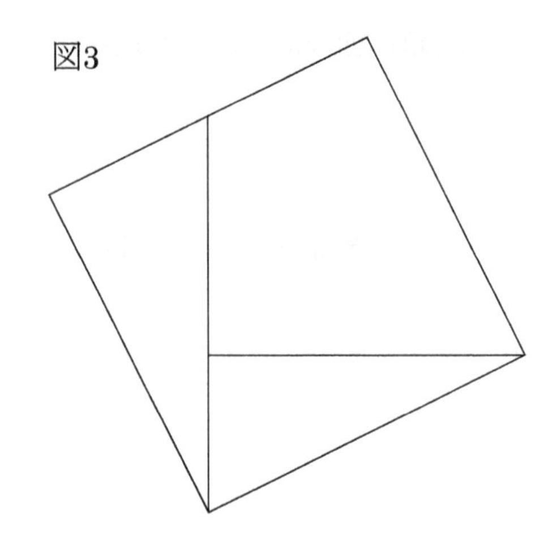

□　①　AEの長さをbを用いて表しなさい。

□　②　右の図にコンパスと定規を用いて点Eの位置を作図しなさい。作図に用いた線は消さないこと。

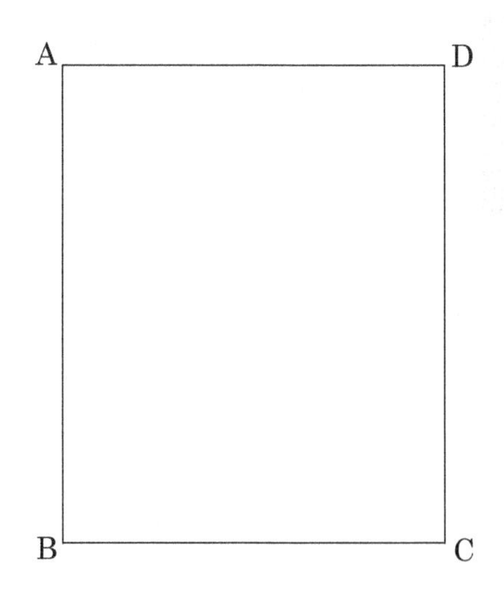

5　図1のような，六角すいO－ABCDEFの容器がある。六角形ABCDEFは一辺が6の正六角形であり，6つの側面はすべてOから対辺にひいた垂線の長さが9の二等辺三角形である。この容器に水を満たす。このとき，次の各問いに答えなさい。

□　(1)　頂点Oから水面までの高さを求めなさい。

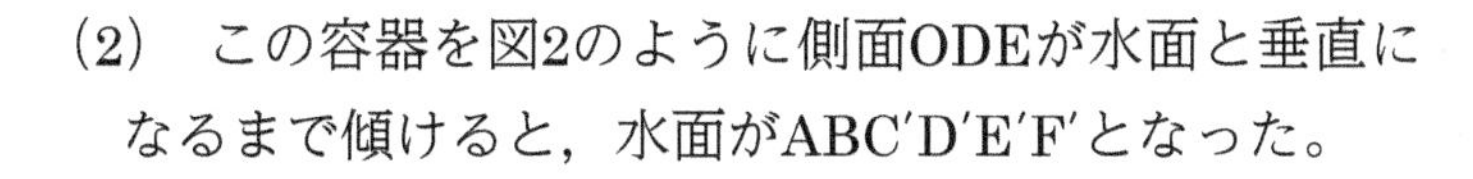

(2)　この容器を図2のように側面ODEが水面と垂直になるまで傾けると，水面がABC′D′E′F′となった。

図1

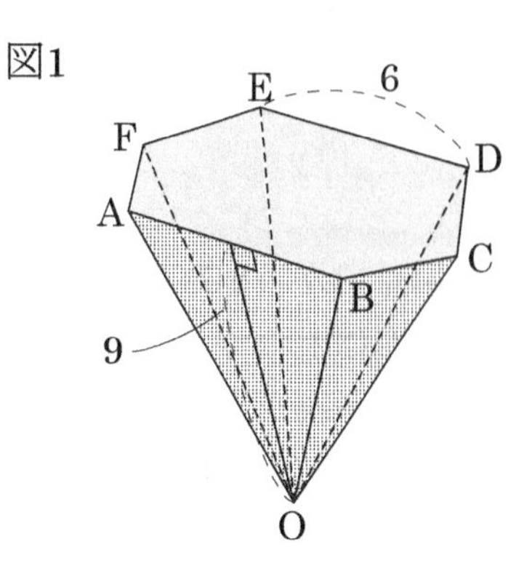

□　①　頂点Oから水面ABC′D′E′F′までの高さを求めなさい。

□　②　F′C′の長さを求めなさい。

□　③　六角形ABC′D′E′F′の面積を求めなさい。

図2

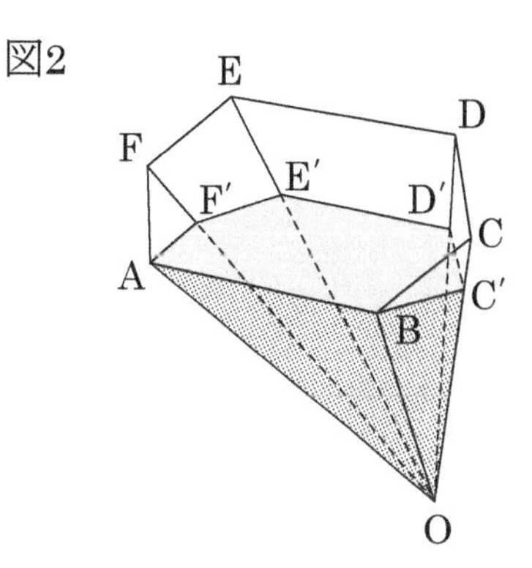

70

第9回

出題の分類

1 数と式，方程式，確率
2 統計，資料の整理
3 図形と関数・グラフの融合問題
4 平面図形
5 空間図形

▶解答・解説はP.75

時　間：50分
目標点数：80点

1回目	／100
2回目	／100
3回目	／100

1 次の各問いに答えなさい。

□ (1) $2\sqrt{6}$ の整数部分をa，小数部分をbとする。bの値を求めなさい。
また，$\dfrac{-2a-3b+2}{2b+a}$ の値を求めなさい。

□ (2) $\dfrac{1}{m}+\dfrac{1}{n}=\dfrac{1}{7}$ を満たす自然数m，$n(m<n)$を求めなさい。

□ (3) $n+9$と$9n+1$がある自然数の2乗となる正の整数nを求めなさい。
ただし，$n\geqq 10$とする。

□ (4) 1から9までの整数が1つずつ書かれた合計9枚のカードが入っている袋から，Aさんは2，xが書かれた合計2枚のカードを，残った7枚の中からBさんは1，7，8，yが書かれた合計4枚のカードを取り出した。Aさんの持つ2枚のカードに書かれた数字の平均値と，Bさんの持つ4枚のカードに書かれた数字の平均値が等しいとき，xとyの値を求めなさい。また，AさんとBさんそれぞれが，持っているカードから数字を見ないで1枚を同時に出し合い，数字の大きい方を勝ちとするとき，Aさんが勝つ確率pを求めなさい。

2 次の各問いに答えなさい。

□ (1) 下の表は，25人のクラスで行った数学の試験の得点をまとめた度数分布表である。中央値が含まれる階級と，度数分布表から計算した平均値が含まれる階級は異なっていた。このとき，a，bの値を求めなさい。ただし，aは0でないものとする。

階級(点)	度数(人)
90以上～100以下	0
80以上～ 90未満	a
70以上～ 80未満	5
60以上～ 70未満	6
50以上～ 60未満	4
40以上～ 50未満	4
30以上～ 40未満	2
20以上～ 30未満	1
10以上～ 20未満	b
0以上～ 10未満	0
計	25

(2) 資料の活用で学んだ方法を用いて素数について調べた。

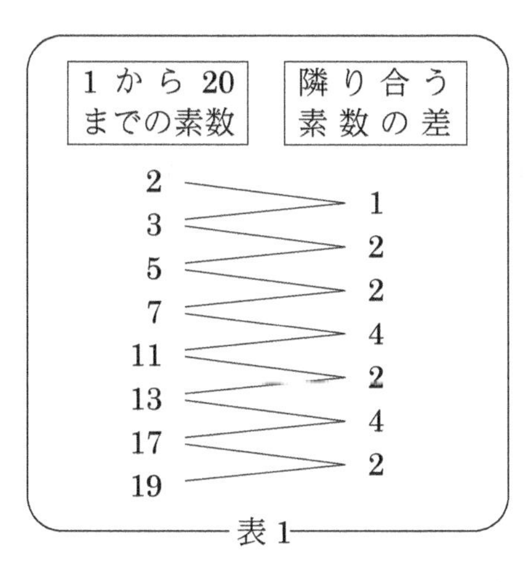

表1

隣り合う素数の差	度数
1	1
2	4
3	0
4	2

表2

表1は1以上20以下の素数に対して，隣り合う素数の大きい方から小さい方を引いた差である。表2は，表1の差の度数分布表である。このとき，次の各問いに答えなさい。

□ ① 表1の隣り合う素数の差について，その平均値と中央値を求めなさい。ただし，平均値については小数第3位を四捨五入して求めなさい。

□ ② 1以上x以下の素数について，隣り合う素数の差が1のところの度数は，$x=20$なら表2より1である。このことは，自然数xをどんなに大きくしても変わらない。その理由を書きなさい。

□ ③　1以上1000以下の素数について，隣り合う素数の差の平均値を，小数第3位を四捨五入して求めなさい。ここで，1以上1000以下の素数は全部で168個であることと，997は素数であることがわかっているものとする。

3　aは正の定数とする。関数$y=ax^2$のグラフ上に，x座標がそれぞれ0，-4，16，-12である点O，A，B，Cをとる。$\angle ACB=90°$のとき，次の各問いに答えなさい。（結果のみ書きなさい）。ただし，「傾きがそれぞれk，ℓである2直線が垂直に交わるのは，

$k\ell=-1$

のときであり，そのときに限る」という事実は，証明なしに用いてよいものとする。

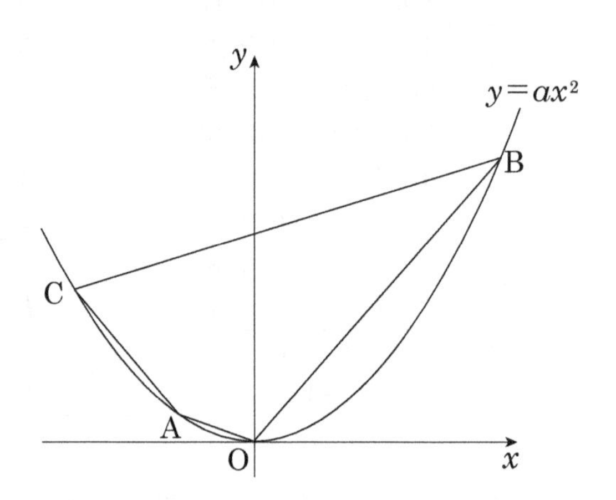

□ (1)　aの値を求めなさい。

□ (2)　2直線OC，ABの交点をPとする。三角形の面積比△OPA：△BPCを求めなさい。

4　右の図のような図形について考える。三角形ABCにおいて，$\angle ABC=45°$，$\angle ACB=75°$，AC=4である。3点A，B，Cを通る円をC_1とする。点Pは，円C_1の弧AB上にあり，$\angle PBC=60°$となる点である。線分APを直径とする円C_2と直線ACとの交点のうち，点Aとは異なる点をDとする。また，線分BPを直径とする円C_3と直線BCとの交点のうち，点Bとは異なる点をEとする。このとき，次の各問いに答えなさい。

□ (1)　線分BCの長さを求めなさい。

□　(2)　∠DECの大きさを求めなさい。

□　(3)　四角形PBEDの面積を求めなさい。

5　図のように，AB＝20cm，AD＝5cm，AE＝10cmの直方体ABCD－EFGHがある。
点Pは，Aを出発して，直方体の面ABCD，面CDHG上を頂点Gまで最も短い経路で進む。点Qは，Aを出発して，辺AB上を，A→B→A→B→A→…と進む。点Rは，Aを出発して，辺AE上を，A→E→A→E→A→…と進む。3点P，Q，Rは同時に動き始め，いずれも毎秒1cmの速さで進み，PがGに到着したら，同時に止まる。P，Q，Rを通る平面で直方体を切断してできる切り口について，次の各問いに答えなさい。

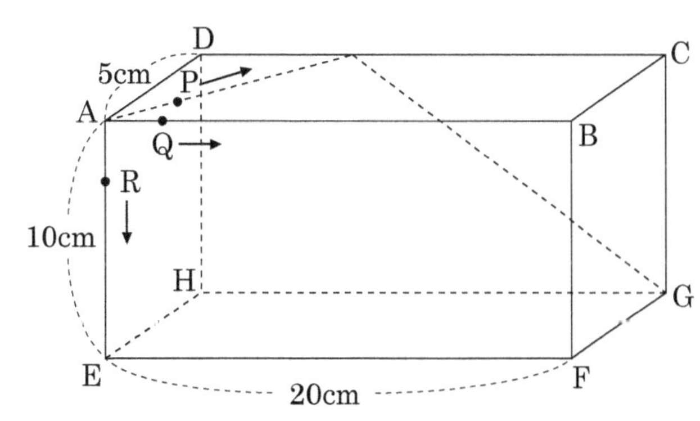

□　(1)　動き始めてから，Qが初めてBにきたとき，切り口の面積を求めなさい。

□　(2)　Pが辺DC上にきたとき，図Ⅰのように，切り口を底面としAを頂点とする四角すいの体積を求めなさい。

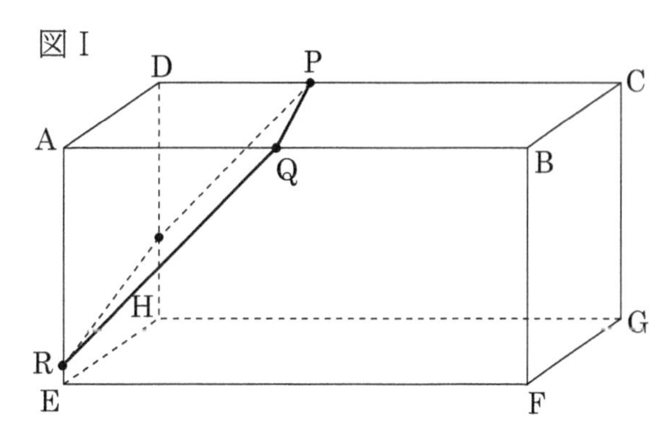

□　(3)　PがGにきたとき，P，Q，Rを通る平面は，図Ⅱのように，辺BCと点Sで，辺EHと点Tで交わる。BS：ETを最も簡単な整数の比で表しなさい。

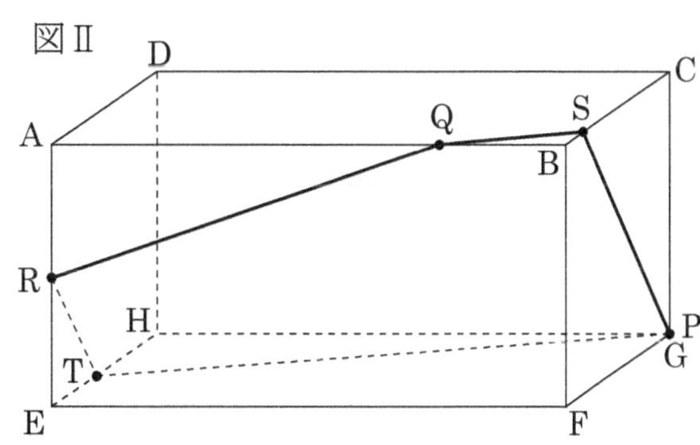

出題の分類

1 場合の数
2 その他の問題
3 図形と関数・グラフの融合問題
4 平面図形
5 空間図形
6 空間図形

▶解答・解説はP.80

時　間：50分
目標点数：80点

1回目	／100
2回目	／100
3回目	／100

1 1枚のコインをくり返し投げ，3回続けて裏が出たら終了とする。次の場合，表と裏の出方は全部で何通りあるか求めなさい。

□ (1) ちょうど5回で終了する場合

□ (2) 7回以下で終了する場合

□ (3) ちょうど11回で終了する場合

2 ある商品は単価がa円で，b個買うごとにもう1個おまけとしてもらえる(a，bは正の整数)。

例えば，$a=300$，$b=7$の場合

単価が300円で，7個買うごとにもう1個おまけとしてもらえる。30個購入すると支払い金額は9000円で，おまけ4個を含めて合計34個手に入る。この商品を購入するための支払い金額が1400円のとき，おまけを含めて30個手に入れることができた。このとき，次の各問いに答えなさい。ただし，消費税は考えないものとする。

□ (1) 単価として考えられるaの値をすべて求めなさい。

□ (2) この商品を購入するための支払い金額がc円のとき，1個以上のおまけを含めて合計10個手に入れることができた。支払い金額として考えられるcの値をすべて求めなさい。

3 右の図のように，放物線$y=3x^2$上に3点A，B，Cがあり，直線ABはx軸に平行，点Aのx座標は-3である。また，直線BCは放物線$y=3x^2$と直線ABとで囲まれた部分の面積を二等分しており，その傾きはaである。このとき，次の各問いに答えなさい。

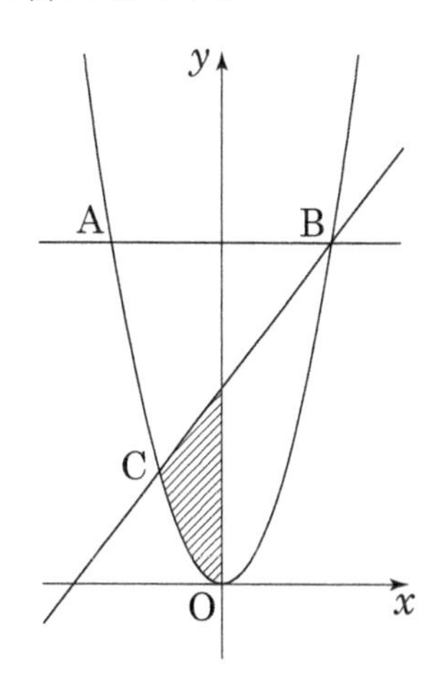

□ (1) 直線BCの方程式をaを用いて表しなさい。

□ (2) △BOCの面積Sをaを用いて表しなさい。

□ (3) 図の斜線部分の面積Tをaを用いて表しなさい。

4 下の図のように，AB＝AC＝$3\sqrt{10}$，BC＝6の二等辺三角形ABCと，その頂点A，B，Cを通る円Oがある。点Dは，直線AOと円の交点のうちAでないほうの点であり，点Eは，直線OBと直線CDの交点である。また，点Fは直線ABと直線CDの交点である。このとき，次の各問いに答えなさい。

□ (1) 線分OBの長さを求めなさい。

□ (2) 線分DEの長さを求めなさい。

□ (3) △BEFの面積を求めなさい。

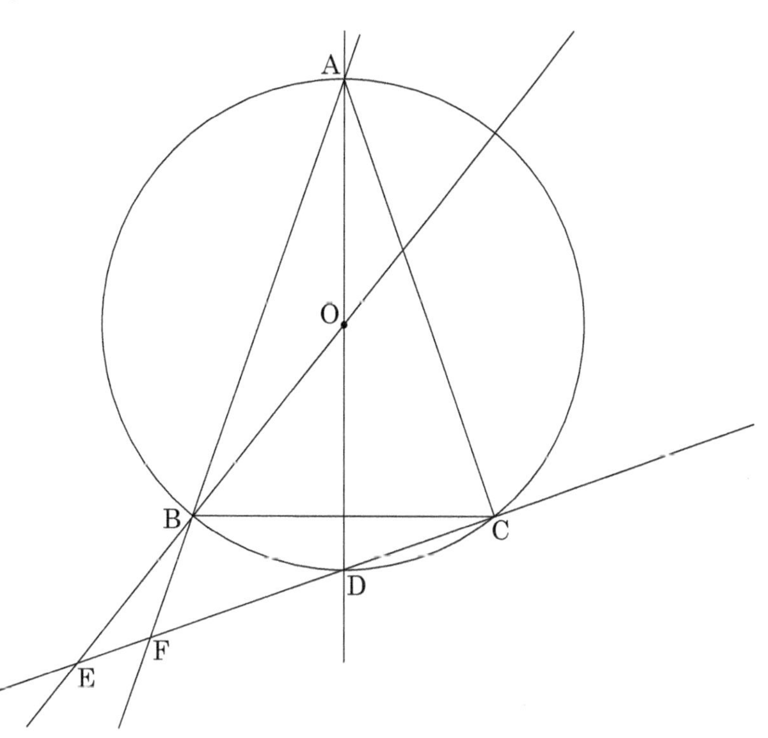

5 正十二面体の各面は合同な正五角形である。1辺の長さが2cmである正十二面体の頂点を，図のようにA, B, C, D, E, F, G, H, I, J, K, L, M, N, O, P, Q, R, S, Tとする。このとき，次の各問いに答えなさい。

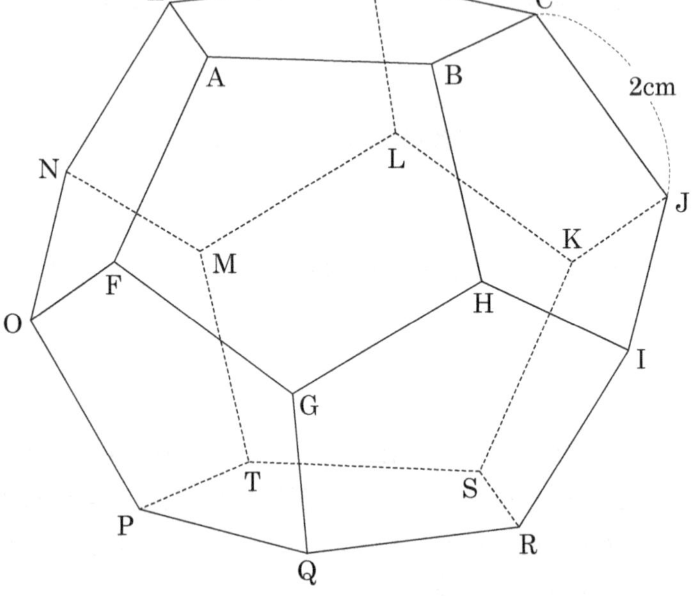

□ (1) A, B, ……, Tの20個の頂点から，2個を選び線分を作る。辺ABに平行な線分はいくつ作れるか。ただし，線分ABは数えない。

□ (2) A, B, ……, Tの20個の頂点から，うまく8個の頂点を選ぶと，それらを頂点とする立方体を作ることができる。この立方体の体積を求めなさい。

□ (3) 線分FJの長さを求めなさい。

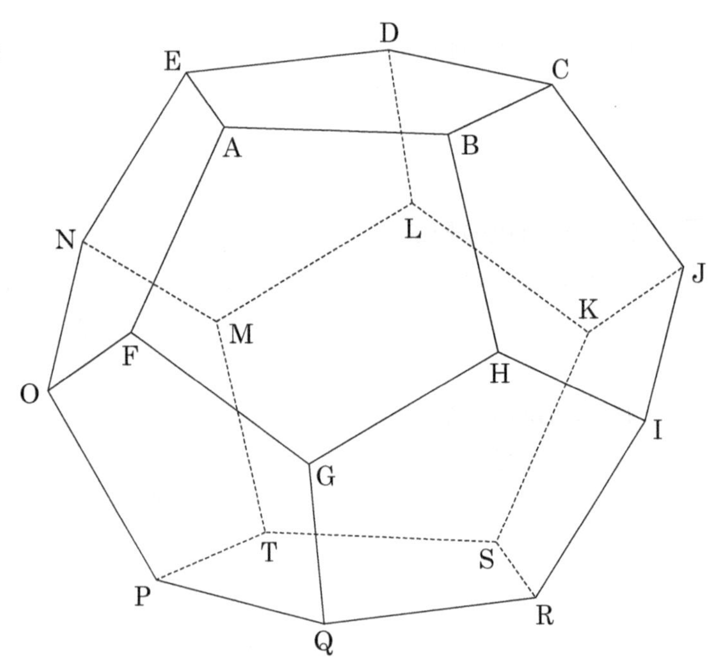

6 各面が，1辺の長さが2の正三角形または正方形である多面体について，図1は展開図，図2は立面図と平面図を示している。平面図の四角形AGDHは正方形であるとき，次の各問いに答えなさい。ただし，図2の破線は立面図と平面図の頂点の対応を表し，F(B)，E(C)，G(H)はFがBに，EがCに，GがHにそれぞれ重なっていることを表す。

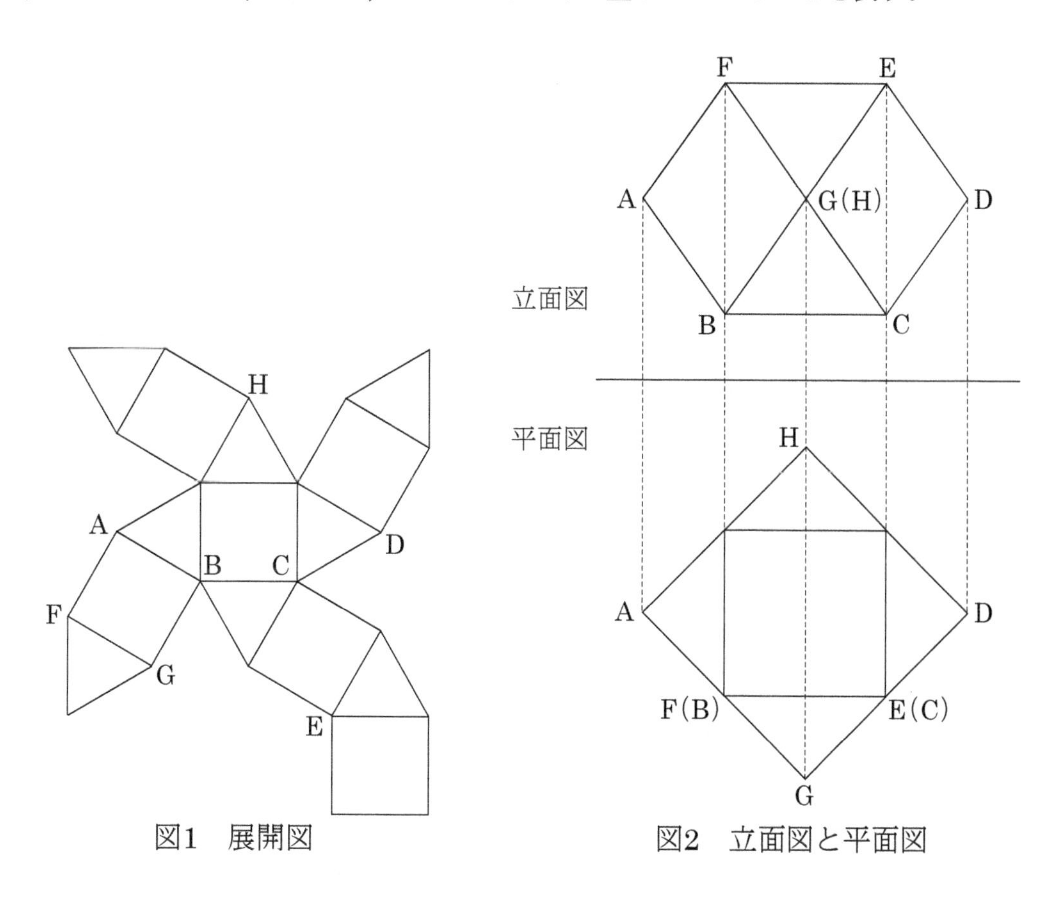

図1　展開図　　図2　立面図と平面図

□ (1)　平面図の正方形AGDHの面積を求めなさい。

□ (2)　この多面体を，2点A，Dを通り，線分GHに垂直な平面で切ったときの切り口の面積を求めなさい。

□ (3)　この多面体の体積を求めなさい。

70 第1回 解答・解説

解答

1	(1) 2	(2) $(x+y)(x-y+3)$	(3) $c=\dfrac{d(a+b)}{a-b}$	(4) 5組
2	(1) $x=\dfrac{3-\sqrt{5}}{3}$ $y=\dfrac{5-\sqrt{5}}{3}$	(2) $x=-5,\ y=3$		
3	(1) $a=2$	(2) 1：7：2	(3) $\dfrac{-3+\sqrt{33}}{2}$	
4	(1) AC＝10	(2) EH＝3	(3) DE：EF＝6：5	
5	(1) $\sqrt{5}$	(2) $\sqrt{7}$	(3) $\dfrac{3}{2}+\sqrt{3}$	

配点 1 各4点×4　2 (1) 各5点×2　(2) 各4点×2　3・4 各7点×6　5 各8点×3　計100点

解説

1 (式の計算，自然数の性質)

(1) $\sqrt{85^2-84^2+61^2-60^2-2\times11\times13}=$
$\sqrt{(85+84)(85-84)+(61+60)(61-60)-2\times11\times13}=$
$\sqrt{169-2\times11\times13+121}=\sqrt{13^2-2\times11\times13+11^2}=\sqrt{(13-11)^2}=\sqrt{2^2}=2$

(2) $(x+1)^2+x+y-(y-1)^2=(x+1)^2-(y-1)^2+x+y=(x+1+y-1)(x+1-y+1)+x+y=(x+y)(x-y+2)+(x+y)=(x+y)(x-y+2+1)=(x+y)(x-y+3)$

(3) $\dfrac{a(c-d)}{c+d}+\dfrac{b(c+d)}{c-d}=a+b$　両辺に$(c+d)(c-d)$をかけると，$a(c-d)^2+b(c+d)^2=(a+b)(c+d)(c-d)$　$a(c^2-2cd+d^2)+b(c^2+2cd+d^2)=(a+b)(c^2-d^2)$
$ac^2-2acd+ad^2+bc^2+2bcd+bd^2=ac^2-ad^2+bc^2-bd^2$　$-2acd+2ad^2+2bcd+2bd^2=0$　$2acd-2bcd=2ad^2+2bd^2$　$acd-bcd=ad^2+bd^2$
$cd(a-b)=d^2(a+b)$　$c=\dfrac{d^2(a+b)}{d(a-b)}=\dfrac{d(a+b)}{a-b}$

(4) $3x+7y=100$から，$y=\dfrac{100-3x}{7}$　xに1から順に代入して$100-3x$が7の倍数になるxの値を求めると，$x=3$のとき，$y=\dfrac{100-3\times3}{7}=13$　次に$100-3x$が7の倍数になるxの値は，$x=3+7,\ 3+7\times2,\ 3+7\times3,\ \cdots\cdots$　$100-3x>0$なので，$x<33.3\cdots$　よって，$x=3+7\times4$までだから5組ある。

2 (連立方程式)

(1)　$(\sqrt{5}-1)x+y=\sqrt{5}-1$の両辺に$(\sqrt{5}+1)$をかけると，$(\sqrt{5}-1)(\sqrt{5}+1)x+(\sqrt{5}+1)y=(\sqrt{5}-1)(\sqrt{5}+1)$　$(5-1)x+(\sqrt{5}+1)y=5-1$　$4x+(\sqrt{5}+1)y=4$…①　①の両辺からそれぞれ$x+(\sqrt{5}+1)y=\sqrt{5}+1$の両辺を引くと，$3x=3-\sqrt{5}$　よって，$x=\dfrac{3-\sqrt{5}}{3}$　$x+(\sqrt{5}+1)y=\sqrt{5}+1$の両辺に$(\sqrt{5}-1)$をかけると，$(\sqrt{5}-1)x+(\sqrt{5}+1)(\sqrt{5}-1)y=(\sqrt{5}+1)(\sqrt{5}-1)$　$(\sqrt{5}-1)x+4y=4$…②　②の両辺からそれぞれ$(\sqrt{5}-1)x+y=\sqrt{5}-1$の両辺を引くと，$3y=5-\sqrt{5}$　したがって，$y=\dfrac{5-\sqrt{5}}{3}$

(2)　$\dfrac{1-x}{2}-\dfrac{3y-1}{4}=\dfrac{x+2y+5}{6}$の両辺を12倍すると，$6(1-x)-3(3y-1)=2(x+2y+5)$　$6-6x-9y+3=2x+4y+10$　$8x+13y=-1$…①　$\dfrac{x+y+1}{xy}=\dfrac{3}{x}+\dfrac{2}{y}$の両辺に$xy$をかけると，$x+y+1=3y+2x$　$x+2y=1$…②　①－②×8より，$-3y=-9$　$y=3$　これを②に代入して，$x+6=1$　$x=-5$

3 (直線の傾き，面積比)

(1)　Aは$y=x^2$上の点だから，$A(a+1,\ (a+1)^2)$　Cは$y=2x^2$上の点だから，$C(a,\ 2a^2)$　直線ACの傾きは，$\dfrac{(a+1)^2-2a^2}{a+1-a}=-a^2+2a+1$　よって，$-a^2+2a+1=1$　$a(a-2)=0$　$a>0$より，$a=2$

(2)　$a=2$なので，$A(3,\ 9)$，$C(2,\ 8)$　直線ℓの式を$y=x+b$とおくと，点Aを通るから，$9=3+b$　$b=6$　よって，$y=x+6$　$y=x^2$と$y=x+6$からyを消去して，$x^2=x+6$　$x^2-x-6=0$　$(x-3)(x+2)=0$　$x=3,\ -2$　よって，$B(-2,\ 4)$　$y=2x^2$と$y=x+6$からyを消去して，$2x^2=x+6$　$2x^2-x-6=0$　$(x-2)(2x+3)=0$　$x=2,\ -\dfrac{3}{2}$　よって，$D\left(-\dfrac{3}{2},\ \dfrac{9}{2}\right)$　したがって，△OBD：△ODC：△OCA＝BD：DC：CA＝$\left\{-\dfrac{3}{2}-(-2)\right\}:\left\{2-\left(-\dfrac{3}{2}\right)\right\}:(3-2)=\dfrac{1}{2}:\dfrac{7}{2}:1=1:7:2$

(3)　△OBDと△OACの面積の比は1：2なので，△OPD＝△OBD＋△OACの面積は△OBDの面積の3倍である。点Pを通り直線ODに平行な直線を引き，直線ℓ：$y=x+6$との交点を$Q(q,\ q+6)$とする。PQ//ODなので，△OQD＝△OPD＝3△OBD　△OQDと△OBDはそれぞれの底辺をQD，BDとみたときの高さが等しいから，その面積の比はQD：BDで求められる。同じ直線上の線分の比は，線分の両端のx座標の差(またはy座標の差)で表すことができるので，$\left\{q-\left(-\dfrac{3}{2}\right)\right\}:\left\{-\dfrac{3}{2}-(-2)\right\}=3:1$　$q+\dfrac{3}{2}=\dfrac{3}{2}$　$q=0$　よって，$Q(0,\ 6)$　直線PQの傾きは直線ODの傾きと等しく，$-\dfrac{9}{2}\div\dfrac{3}{2}=-3$　よって，直線PQの式は$y=-3x+6$なので，点Pのx座標は，方程式$x^2=-3x+6$の解として求められる。$x^2+3x-6=0$に2次方程式の解の公式を用いて，$x=\dfrac{-3\pm\sqrt{9+24}}{2}=\dfrac{-3\pm\sqrt{33}}{2}$　$5<\sqrt{33}<6$なので，

$1<\frac{-3\pm\sqrt{33}}{2}<\frac{3}{2}$　$-6<-\sqrt{33}<-5$なので，$-\frac{9}{2}<\frac{-3-\sqrt{33}}{2}<-4$　$-2<x<3$だから，$x=\frac{-3+\sqrt{33}}{2}$

4 （角の二等分線，円周角）

（1）AH＝$4k$とすると，CH＝$3k$　△ACHで三平方の定理を用いると，AC＝$\sqrt{(4k)^2+(3k)^2}$＝$5k$　直径に対する円周角は90°なので，△ABC∽△ACH　AB：AC＝AC：AH＝$5k$：$4k$　$\frac{25}{2}$：AC＝5：4　AC＝$\frac{25}{2}\times\frac{4}{5}$＝10

（2）円の中心から弦に引いた垂線は弦を2等分するので，点Cと点Dは直径ABについて対称である。よって，△ADBと△ACBも直径ABについて対称となるので，AD＝AC＝10　DH＝CH＝$3k$＝6　三角形の角の二等分線は，対辺をその角をつくる2辺の比に分けるから，AE：EH＝AD：DH＝5：3　AH＝$4k$＝8なので，EH＝$8\times\frac{3}{5+3}$＝3

（3）$\overset{\frown}{\mathrm{AF}}$に対する円周角だから，∠FCA＝∠FDA　線分CEを引くと，∠ECD＝∠EDC　∠FDA＝∠EDCなので，∠FCA＝∠ECD　両辺に∠ACOを加えることで，∠FCE＝∠ACD…①　$\overset{\frown}{\mathrm{CD}}$に対する円周角なので，∠CFE＝∠CAD…②　①，②から，△CFE∽△CAD　よって，CE：CD＝EF：DA　また，CH＝6なので，CD＝12，AD＝AC＝10　したがって，CE：12＝EF：10　CE：EF＝6：5　DE＝CEだから，DE：EF＝6：5

5 （三平方の定理，面積）

（1）底面の正方形ABCDの対角線の長さは1辺の長さの$\sqrt{2}$倍だから，AC＝$2\sqrt{2}$　△OACの3辺の比は，2：2：$2\sqrt{2}$＝1：1：$\sqrt{2}$　よって，△OACは直角二等辺三角形であり，∠AOC＝90°　△OMCで三平方の定理を用いると，MC＝$\sqrt{\mathrm{OM}^2+\mathrm{OC}^2}=\sqrt{1^2+2^2}=\sqrt{5}$

（2）右図のように，正四角すいO－ABCDの展開図において，点Mから直線COに垂線MNをひくと，△MONは内角の大きさが30°，60°，90°の直角三角形となるから，ON＝$\frac{1}{2}$，MN＝$\frac{\sqrt{3}}{2}$　よって，CN＝$\frac{5}{2}$となり，△MCNで三平方の定理を用いると，MC＝$\sqrt{\mathrm{CN}^2+\mathrm{MN}^2}=\sqrt{\left(\frac{5}{2}\right)^2+\left(\frac{\sqrt{3}}{2}\right)^2}=\sqrt{\frac{25}{4}+\frac{3}{4}}=\sqrt{7}$

（3）OM//BCなので，△BMCと△BOCはBCを底辺とみたときの高さが等しいから，△BMCと△BOCの面積は等しい。正三角形の高さは1辺の$\frac{\sqrt{3}}{2}$倍だから，△BMC＝△BOC＝$\frac{1}{2}\times2\times\left(2\times\frac{\sqrt{3}}{2}\right)=\sqrt{3}$…①　点MからABに垂線MPをひくと，△MAPは内角の大きさが30°，60°，90°の直角三角形となるから，AP＝$\frac{1}{2}$MA＝$\frac{1}{2}$　よって，PB＝$2-\frac{1}{2}=\frac{3}{2}$　△MBCの面積はBCを底辺，PBを高さとして求められるので，$\frac{1}{2}\times2\times\frac{3}{2}=\frac{3}{2}$…②　①＋②から，点Bを含む側の面積は，$\frac{3}{2}+\sqrt{3}$

70　第2回　解答・解説

解　答

1　(1)　11　　(2)　$(x-y)(2xy-1)$　　(3)　$a=120$，$b=144$
　(4)　$x=-10+4\sqrt{6}$，$y=-10-4\sqrt{6}$

2　(1)　399　　(2)　546

3　(1)　$y=\frac{1}{2}x+\frac{3}{2}$　　(2)　$\mathrm{C}\left(-\frac{1}{a},\ \frac{1}{a}\right)$　　(3)　$\frac{1}{2}$　　(4)　$y=\frac{1}{2}x+\frac{3}{2a}$
　(3)　$a=-\frac{\sqrt{3}}{2}$

4　(1)　$\frac{3}{5}\pi$　　(2)　$\frac{4}{3}$　　(3)　$\frac{9\sqrt{2}}{4}$

5　(1)　(名称)　正四面体　　(体積)　72　　(2)　$S=16$　　$V=\frac{56}{3}$

配点　1～3　各5点×11　　4　(1)・(2)　各6点×2　　(3)　7点
5　(1)　(名称)　6点　　(体積)　7点　　(2)　(S)　6点　　(V)　7点
計100点

解　説

1　(式の計算，自然数の性質，因数分解，連立方程式)

(1)　$\frac{63\sqrt{2}+2\sqrt{7}}{\sqrt{98}}-\frac{\sqrt{42}-14\sqrt{3}}{7\sqrt{3}}=\frac{63}{\sqrt{49}}+\frac{2}{\sqrt{14}}-\frac{\sqrt{14}}{7}+2=\frac{63}{7}+\frac{\sqrt{14}}{7}-\frac{\sqrt{14}}{7}+2=9+2=11$

(2)　$2x^2y-x-2xy^2+y=2xy(x-y)-(x-y)=(x-y)(2xy-1)$

(3)　最大公約数が24だから，共通な素因数をもたない自然数m，nを用いて，$a=24m$，$b=24n$と表すことができる。最小公倍数が720だから，$24mn=720$　　$mn=30$　　$100\div24=4$余り4なので，a，bが3ケタの自然数になるとき，m，nはともに4より大きい。よって，$m=5$，$n=6$　　したがって，$a=24\times5=120$，$b=24\times6=144$

(4)　$\frac{1}{x}+\frac{1}{y}=-5$の両辺を$xy$倍すると，$y+x=-5xy$…①　　$xy=4$…②を①に代入すると，$y+x=-20$　　$y=-x-20$…③　　③を②に代入して，$x(-x-20)=4$　　$x^2+20x+4=0$　　$x^2+20x+100=-4+100$　　$(x+10)^2=96$　　$x+10=\pm\sqrt{96}$　　$x=-10\pm4\sqrt{6}$　　$x>y$なので，$x=-10+4\sqrt{6}$，$y=-10-4\sqrt{6}$

2 （数の性質）

（1）　$a^3-a=a(a^2-1)=a(a-1)(a+1)=(a-1)a(a+1)$　　aは整数なので，a^3-aは連続する3つの整数の積である。$100=2^2\times5^2$なので，$(a-1)$，a，$(a+1)$のどれかが5^2の倍数で，他の数のどちらかが$2^2=4$の倍数になるときに，a^3-aは100の倍数となる。$a-1=25$のとき，$a=26$，$a+1=27$なので不適当である。$a-1=50$のときには，$a+1=52=2^2\times13$なので，a^3-aは100の倍数となり，このときには$a=51$である。このようにして，a^3-aが100の倍数となる$(a-1)$，a，$(a+1)$の組を求めると，(23，24，25)，(24，25，26)，(48，49，50)，(50，51，52)，(74，75，76)，(75，76，77)　　なお，$2\leqq a\leqq 99$なので，$3\leqq a+1\leqq 100$　　よって，$a=99$のときに$a+1=100$となるから，(98，99，100)のときにも，a^3-aは100の倍数となる。よって，条件を満たすaの値をすべて加えると，$24+25+49+51+75+76+99=399$

（2）　$91=7\times13$より，題意を満たす連続する3つの整数の組は，(12，$\underline{13}$，14)，(13，$\underline{14}$，15)，(26，$\underline{27}$，28)，(63，$\underline{64}$，65)，(76，$\underline{77}$，78)，(77，$\underline{78}$，79)，(89，$\underline{90}$，91)，(90，$\underline{91}$，92)，(91，$\underline{92}$，93)の9つある。よって，求める値は，$13+14+27+64+77+78+90+91+92=546$

3 （直線の傾き，直線の方程式，面積比）

（1）　2点A，Bは$y=x^2$上の点だから，$A(-1,\ 1)$，$B\left(\frac{3}{2},\ \frac{9}{4}\right)$　　直線ABの式を$y=mx+n$とおくと，2点A，Bを通るから，$1=-m+n$，$\frac{9}{4}=\frac{3}{2}m+n$　　この連立方程式を解いて，$m=\frac{1}{2}$，$n=\frac{3}{2}$　　よって，$y=\frac{1}{2}x+\frac{3}{2}$

（2）　直線OAの式は$y=-x$だから，これと$y=ax^2$からyを消去して，$ax^2=-x$　　$x(ax+1)=0$　　$x=0,\ -\frac{1}{a}$　　よって，$C\left(-\frac{1}{a},\ \frac{1}{a}\right)$

（3）　直線OBの式は$y=\frac{3}{2}x$だから，これと$y=ax^2$からyを消去して，$ax^2=\frac{3}{2}x$　　$x\left(ax-\frac{3}{2}\right)=0$　　$x=0,\ \frac{3}{2a}$　　よって，$D\left(\frac{3}{2a},\ \frac{9}{4a}\right)$　　したがって，直線CDの傾きは，$\left(\frac{1}{a}-\frac{9}{4a}\right)\div\left(-\frac{1}{a}-\frac{3}{2a}\right)=-\frac{5}{4a}\div\left(-\frac{5}{2a}\right)=\frac{1}{2}$

（4）　直線CDの式を$y=\frac{1}{2}x+b$とおくと，点Cを通るから，$\frac{1}{a}=-\frac{1}{2a}+b$　　$b=\frac{3}{2a}$　　よって，$y=\frac{1}{2}x+\frac{3}{2a}$

（5）　傾きが等しい直線は平行なので，AB//DCである。よって，△OABと△OCDは2組の角がそれぞれ等しく相似であり，相似比はOA：OC　　相似な図形では面積の比は相似比の2乗に等しいので，$OA^2:OC^2=3:4$　　$A(-1,\ 1)$，$C\left(-\frac{1}{a},\ \frac{1}{a}\right)$なので，$OA^2=(-1)^2+1^2=2$　　$OC^2=\left(-\frac{1}{a}\right)^2+\left(\frac{1}{a}\right)^2=\frac{2}{a^2}$　　よって，$2:\frac{2}{a^2}=3:4$　　$\frac{6}{a^2}=8$　　$a^2=\frac{3}{4}$　　$a<0$なの

で，$a=-\dfrac{\sqrt{3}}{2}$

4 （円周角，相似，三平方の定理）

（1） ABは直径だから，$\angle AQB=90°$　三角形の内角と外角の関係より，$\angle PAQ=90°-72°=18°$　円周角の定理より，$\angle POQ=2\angle PAQ=36°$　よって，$\overset{\frown}{PQ}$の長さは，$2\pi\times3\times\dfrac{36}{360}=\dfrac{3}{5}\pi$

（2） 線分BFとEGとの交点をHとする。△BEH＝△GFHより，△BEH＋△EFH＝△GFH＋△EFH　よって，△BEF＝△GEFだから，EF//BG　△AEFと△CGBにおいて，$\angle EAF=\angle GCB=90°$…①　平行線の同位角だから，$\angle AEF=\angle ABG$　平行線の錯角だから，$\angle ABG=\angle CGB$　よって，$\angle AEF=\angle CGB$…②　①，②より，2組の角がそれぞれ等しいから，△AEF∽△CGB　AE：CG＝AF：CB　$(8-3):CG=(8-2):8$　$CG=\dfrac{5\times8}{6}=\dfrac{20}{3}$　よって，$DG=8-\dfrac{20}{3}=\dfrac{4}{3}$

（3） AからBCにひいた垂線をAHとすると，HはBCの中点であり，点OはAH上にある。$AH=\sqrt{AB^2-BH^2}=\sqrt{6^2-2^2}=4\sqrt{2}$　円の半径をrとすると，$OB=r$，$OH=4\sqrt{2}-r$　△OBHに三平方の定理を用いて，$r^2=(4\sqrt{2}-r)^2+2^2$　$r^2=32-8\sqrt{2}r+r^2+4$　$8\sqrt{2}r=36$　$r=\dfrac{9}{2\sqrt{2}}=\dfrac{9\sqrt{2}}{4}$

5 （中点連結定理，体積）

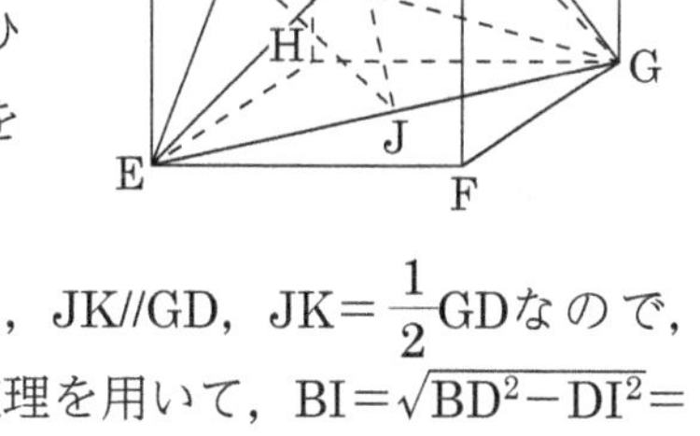

（1） 立体アの辺BD，BE，BG，DE，DG，EGはいずれも1辺の長さが6の正方形の対角線であり，その長さは$6\sqrt{2}$で等しい。よって，立体アは4つの合同な正三角形の面でできている立体なので正四面体である。点Bから面DEGに垂線BIをひくと，点Iは正三角形DEGの重心である。EG，EDの中点をそれぞれJ，Kとすると，DJ，GKは正三角形の高さなので，$DJ=GK=\dfrac{\sqrt{3}}{2}\times6\sqrt{2}=3\sqrt{6}$　中点連結定理によって，JK//GD，$JK=\dfrac{1}{2}GD$なので，DI：JI＝2：1　$DI=\dfrac{2}{3}DJ=2\sqrt{6}$　△BDIで三平方の定理を用いて，$BI=\sqrt{BD^2-DI^2}=\sqrt{72-24}=4\sqrt{3}$　よって，正四面体BDEGの体積は，$\dfrac{1}{3}\times\left(\dfrac{1}{2}\times6\sqrt{2}\times3\sqrt{6}\right)\times4\sqrt{3}=72$

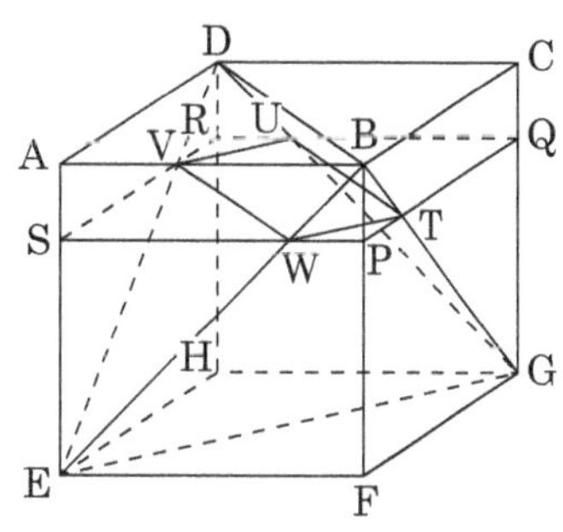

（2） 右図のように，点Pを通る面ABCDと平行な面が辺CG，DH，AE，BG，DG，DE，BEと交わる点をQ，R，S，T，U，V，Wとする。△BEFで，WP//EFだから，WP：EF＝BP：BF＝1：3　よって，WP＝2　同様に，PT＝RU＝RV＝2　WT，VUをひくと，△PWT，△RVUは等辺の長さが2の直

角二等辺三角形だから，WT＝VU＝$2\sqrt{2}$　△SWV，△QTUは等辺の長さが4の直角二等辺三角形だから，TU＝VW＝$4\sqrt{2}$　また，∠TWP＝∠SWV＝45°だから，∠VWT＝90°　同様に∠WTU＝∠TUV＝∠UVW＝90°なので，四角形WTUVは長方形である。よって，$S=2\sqrt{2}\times4\sqrt{2}=16$　点P，Qを通るBDに垂直な平面で頂点Bを含む立体を切断し，BDとの交点をXとすると，切断面は二等辺三角形XPQとなる。点XからPQにひいた垂線の長さは立方体の高さの$\frac{1}{3}$の2だから，△XPQ＝$\frac{1}{2}\times2\sqrt{2}\times2=2\sqrt{2}$　点V，Uを通るBDに垂直な平面とBDとの交点をYとすると，同様にして，△YVU＝$2\sqrt{2}$　XY＝PV＝$4\sqrt{2}$だから，BX＝DY＝$(6\sqrt{2}-4\sqrt{2})\div2=\sqrt{2}$　V＝(三角柱XPQ－YVU)＋(三角すいB－XPQ)＋(三角すいD－YVU)なので，$V=2\sqrt{2}\times4\sqrt{2}+\frac{1}{3}\times2\sqrt{2}\times\sqrt{2}+\frac{1}{3}\times2\sqrt{2}\times\sqrt{2}=16+\frac{8}{3}=\frac{56}{3}$

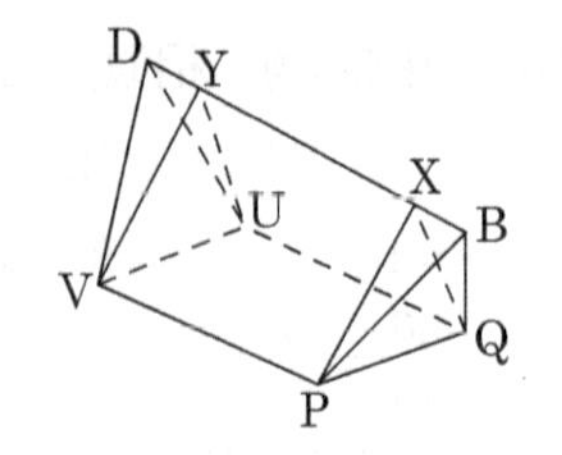

a，b，cを自然数として，$ax+by=c$を成り立たせるx，yの値について考えてみよう。

まず，$ax+by=c$を$by=c-ax$　$y=\frac{c-ax}{b}$と変形して，xに1から順に自然数を代入してyの値が自然数になる値を求める。このとき，$c-ax$はbの倍数である。
最初に$c-ax$がbの倍数となるときの自然数xの値がmであるとすると，$c-am=bn$(nは自然数)と表すことができる。
この後は，$c-ax>0$の範囲で，$x=m+b$，$x=m+2b$，$x=m+3b$，……とすれば，$c-ax$はbの倍数であり，$y=\frac{c-ax}{b}$は自然数となる。このことを確認してみよう。
$c-a(m+b)=c-am-ab=bn-ab=b(n-a)$，$c-a(m+2b)=c-am-2ab=bn-2ab=b(n-2a)$

$a+\frac{1}{a}$の値が与えられているとき，$a^2+\frac{1}{a^2}$，$a^3+\frac{1}{a^3}$の値について考えよう。

$a+\frac{1}{a}=t$(tは定数)とすると，$\left(a+\frac{1}{a}\right)^2=a^2+2\times a\times\frac{1}{a}+\frac{1}{a^2}=t^2$　よって，$a^2+\frac{1}{a^2}=t^2-2$　$\left(a+\frac{1}{a}\right)^3=\left(a+\frac{1}{a}\right)^2\left(a+\frac{1}{a}\right)=\left(a^2+2+\frac{1}{a^2}\right)\left(a+\frac{1}{a}\right)=a^3+a+2a+\frac{2}{a}+\frac{1}{a}+\frac{1}{a^3}$
$=a^3+\frac{1}{a^3}+3a+\frac{3}{a}=a^3+\frac{1}{a^3}+3\left(a+\frac{1}{a}\right)=a^3+\frac{1}{a^3}+3t=t^3$　よって，$a^3+\frac{1}{a^3}=t^3-3t$

解答・解説

解答

1 (1) $\frac{3}{4y}$　(2) 2　(3) $x=\frac{2\pm\sqrt{17}}{4}$　(4) $(a,\ b)=(1,\ 3)(2,\ 6)(3,\ 9)$

2 (1) $\frac{1}{3}+\frac{1}{15}$　(2) ① 7.65　7.8　7.95　② 9.5

3 (1) $a=\frac{1}{2}$　(2) $\mathrm{D}\left(3,\ \frac{9}{2}\right)$　(3) $\mathrm{E}\left(-9,\ \frac{11}{2}\right)$

4 (1) 135°　(2) $\frac{-2+\sqrt{14}}{3}$ cm

5 (1) 45°　(2) $2\sqrt{3}+2$　6 (1) $4\sqrt{6}$　(2) $2\sqrt{3}$

配点　1 (1)～(3) 各5点×3　(4) 6点
2 (1)・(2)② 各5点×2　(2)① 6点　3 各5点×3
4～6 各8点×6　計100点

解説

1 (式の計算，二次方程式，自然数の性質)

(1) $-\frac{x^3}{18}\times(-2y)^2\div\left(-\frac{2}{3}xy\right)^3=-\frac{x^3}{18}\times4y^2\times\left(-\frac{27}{8x^3y^3}\right)=\frac{3}{4y}$

(2) $\frac{\sqrt{2}(\sqrt{2}+\sqrt{3}+\sqrt{5})(\sqrt{2}+\sqrt{3}-\sqrt{5})}{\sqrt{12}}=\frac{\sqrt{2}(\{\sqrt{2}+\sqrt{3})+\sqrt{5}\}(\{\sqrt{2}+\sqrt{3})-\sqrt{5}\}}{\sqrt{2}\times\sqrt{6}}=$ $\frac{(\sqrt{2}+\sqrt{3})^2-(\sqrt{5})^2}{\sqrt{6}}=\frac{2+2\sqrt{6}+3-5}{\sqrt{6}}=2$

(3) $x+\frac{1}{4}=\mathrm{A}$とおくと，$\left(x+\frac{1}{4}\right)^2-\frac{1}{2}=\frac{3}{2}\left(x+\frac{1}{4}\right)$は$\mathrm{A}^2-\frac{1}{2}=\frac{3}{2}\mathrm{A}$と表される。両辺を2倍して整理すると，$2\mathrm{A}^2-3\mathrm{A}-1=0$　解の公式を用いて，$\mathrm{A}=\frac{3\pm\sqrt{17}}{4}$　Aを元に戻すと，$x+\frac{1}{4}=\frac{3\pm\sqrt{17}}{4}$　$x=\frac{3\pm\sqrt{17}}{4}-\frac{1}{4}=\frac{2\pm\sqrt{17}}{4}$

(4) $X=19a+2b=8b+a$より，$18a=6b$　$3a=b$…①　ここで，aは$a<8$を満たす自然数，bは$2b<19$を満たす自然数だから，①を満たす$(a,\ b)$の組は，$(1,\ 3)$，$(2,\ 6)$，$(3,\ 9)$の3組ある。

第1回 第2回 第3回 第4回 第5回 第6回 第7回 第8回 第9回 第10回 解答用紙 公式集

2 （数の性質，統計）

（1）　$5\div2=2$余り1より，$a=2$，$b=5$，$q=2$，$r=1$　　これらを$\dfrac{a}{b}=\dfrac{1}{q+1}+\dfrac{a-r}{b(q+1)}$に代入し，$\dfrac{2}{5}=\dfrac{1}{2+1}+\dfrac{2-1}{5\times(2+1)}=\dfrac{1}{3}+\dfrac{1}{15}$

（2）　①　問題Aと問題Bを両方正解した生徒をx人とすると，問題Cの正解者は$0.4x$人となる。1問も正解できなかった生徒がy人いたとすると，$28+22-x+y=40$　　問題Bができた生徒が全員問題Aもできたときが，$x=22$となり，1問も正解できなかった生徒が1人もいなかったときが，$x=10$となる。$10\leqq x\leqq22$の範囲で，$0.4x$の値を自然数とするものは，$x=10$，15，20　　そのときの平均値として考えられる数値は，

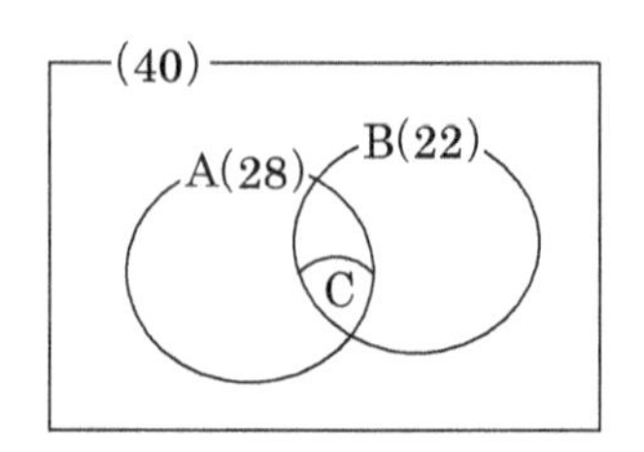

$\dfrac{28\times5+22\times7+0.4\times10\times3}{40}=7.65$，$\dfrac{28\times5+22\times7+0.4\times15\times3}{40}=7.8$，

$\dfrac{28\times5+22\times7+0.4\times20\times3}{40}=7.95$

②　最も高い平均値の場合，問題Aだけを正解した生徒が8人，問題Bだけを正解した生徒が2人，問題Aと問題Bの2問を正解した生徒が20人の6割の12人，3問とも正解した生徒が20人の4割の8人，1問も正解できなかった生徒が10人である。よって，0点…10人，5点…8人，7点…2人，12点…12人，15点…8人である。度数が40のときの中央値は，$\dfrac{40+1}{2}=20.5$　つまり，得点の低いほうから20番目の生徒と21番目の生徒の平均値を求めればよい。

よって，$\dfrac{7+12}{2}=9.5$

3 （直線の傾き，座標の値）

（1）　2点A，Bは$y=ax^2$上の点だから，A$(-2,\ 4a)$，B$(1,\ a)$　　$y=ax^2$において，xが-2から1まで変化するときの変化の割合は，$\dfrac{a-4a}{1-(-2)}=-a$　　これは直線の傾きに等しいから，$-a=-\dfrac{1}{2}$　　$a=\dfrac{1}{2}$

（2）　(1)より，C$(-4,\ 8)$　　AB//CDより，直線CDの式を$y=-\dfrac{1}{2}x+b$とおくと，点Cを通るから，$8=-\dfrac{1}{2}\times(-4)+b$　　$b=6$　　$y=\dfrac{1}{2}x^2$と$y=-\dfrac{1}{2}x+6$からyを消去して，$\dfrac{1}{2}x^2=-\dfrac{1}{2}x+6$　　$x^2+x-12=0$　　$(x+4)(x-3)=0$　　$x=-4,\ 3$　　よって，点Dのx座標は3であるから，y座標は$\dfrac{1}{2}\times3^2=\dfrac{9}{2}$　　したがって，D$\left(3,\ \dfrac{9}{2}\right)$

（3）　台形ABDC＝△ABD＋△ADC，△EBD＝△ABD＋△ADE　　台形ABDC＝△EBDのとき，△ADC＝△ADEだから，AD//ECとなる。A$(-2,\ 2)$より，直線ADの傾きは，$\left(\dfrac{9}{2}-2\right)\div(3+2)=\dfrac{1}{2}$　　直線ECの式を$y=\dfrac{1}{2}x+c$とおくと，点Cを通るから，$8=\dfrac{1}{2}\times(-4)+c$

第1回 第2回 第3回 第4回 第5回 第6回 第7回 第8回 第9回 第10回 解答用紙 公式集

$c=10$　よって，$y=\frac{1}{2}x+10$…①　同様にして，直線ℓの式は，$y=-\frac{1}{2}x+1$…②

①，②よりyを消去して，$\frac{1}{2}x+10=-\frac{1}{2}x+1$　$x=-9$　これを①に代入して，$y=\frac{11}{2}$

したがって，$\mathrm{E}\left(-9,\ \frac{11}{2}\right)$

4 （角の大きさ，相似）

(1)　直径に対する円周角は90°である。$\angle \mathrm{ABI}=\angle \mathrm{CBI}=a$，$\angle \mathrm{ACI}=\angle \mathrm{BCI}=b$とおくと，$2a+2b=90°$だから，$a+b=45°$　$\angle \mathrm{BIC}=180°-(a+b)=135°$

(2)　右図のように，直線BIと半円の周との交点をDとすると，$\angle \mathrm{BDC}$は直径に対する円周角なので直角である。また，$\angle \mathrm{BIC}=135°$だから，$\angle \mathrm{DIC}=45°$　よって，$\triangle \mathrm{DIC}$は直角二等辺三角形となり，$\mathrm{DI}:\mathrm{DC}:\mathrm{IC}=1:1:\sqrt{2}$

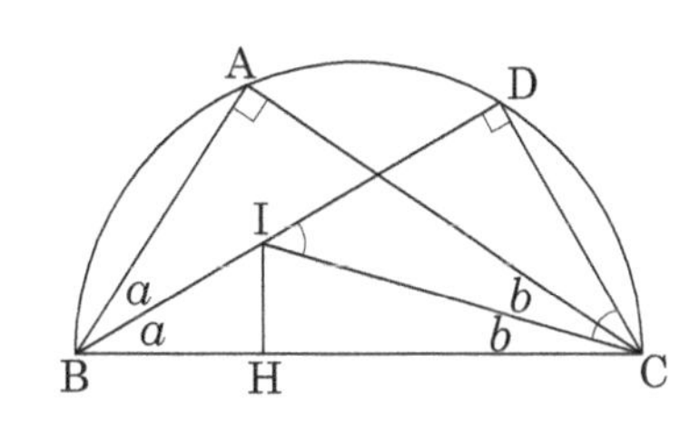

$\mathrm{DI}=\mathrm{DC}=\frac{2}{\sqrt{2}}=\sqrt{2}$　$\triangle \mathrm{BDC}$で三平方の定理を用いると，$\mathrm{BD}=\sqrt{\mathrm{BC}^2-\mathrm{DC}^2}=\sqrt{7}$　$\triangle \mathrm{BIH}$と$\triangle \mathrm{BCD}$は2組の角がそれぞれ等しいから相似であり，$\mathrm{IH}:\mathrm{CD}=\mathrm{BI}:\mathrm{BC}$　$\mathrm{IH}:\sqrt{2}=(\sqrt{7}-\sqrt{2}):3$　したがって，$\mathrm{IH}=\frac{\sqrt{2}(\sqrt{7}-\sqrt{2})}{3}=\frac{-2+\sqrt{14}}{3}$(cm)

5 （角の大きさ，合同，相似）

(1)　AD//BC，$\angle \mathrm{ABC}=45°$なので，$\angle \mathrm{BAD}=135°$　よって，$\angle \mathrm{EAF}=360°-135°-60°\times 2=105°$…①　平行四辺形の対角なので，$\angle \mathrm{ADC}=\angle \mathrm{ABC}=45°$　$\angle \mathrm{ADG}=135°$だから，$\angle \mathrm{FDG}=135°-60°=75°$　よって，$\angle \mathrm{DFG}=\angle \mathrm{DFE}=90°$　$\angle \mathrm{EFA}=90°-60°=30°$…②　したがって，①，②から，$\angle \mathrm{FEA}=180°-105°-30°=45°$

(2)　AからEFに垂線AGをひくと，$\triangle \mathrm{FAG}$は内角の大きさが30°，60°，90°の直角三角形なので，$\mathrm{FA}:\mathrm{AG}:\mathrm{FG}=2:1:\sqrt{3}$　$\mathrm{FG}=4\times\frac{\sqrt{3}}{2}=2\sqrt{3}$　$\mathrm{AG}=4\times\frac{1}{2}=2$　また，$\triangle \mathrm{EAG}$は内角の大きさが45°，45°，90°の直角二等辺三角形だから，$\mathrm{EG}=\mathrm{AG}=2$　したがって，$\mathrm{EF}=2\sqrt{3}+2$

6 （相似，面積）

(1)　$\mathrm{OD}=\mathrm{OE}=6\times\frac{2}{3}=4$　点AからOBへ垂線AFをひくと$\mathrm{FD}=4-3=1$　$\mathrm{AF}=6\times\frac{\sqrt{3}}{2}=3\sqrt{3}$　$\triangle \mathrm{AFD}$において三平方の定理を用いると，$\mathrm{AD}=\sqrt{1^2+(3\sqrt{3})^2}=\sqrt{28}=2\sqrt{7}$

同様に$\mathrm{AE}=2\sqrt{7}$　$\mathrm{DE}=6\times\frac{2}{3}=4$　辺DEの中点をMとすると，$\mathrm{DM}=2$　$\triangle \mathrm{ADM}$において三平方の定理を用いると，$\mathrm{AM}=\sqrt{(2\sqrt{7})^2-2^2}=\sqrt{24}=2\sqrt{6}$　よって，$\triangle \mathrm{ADE}=\frac{1}{2}$

$\times 4\times 2\sqrt{6}=4\sqrt{6}$

(2)　直線OMとBCとの交点をNとすると，NはBCの中点であり，OM：ON＝2：3　つまり，点Mは中線ONを2：1に分ける点なので，正三角形OBCの重心である。よって，AMは正四面体OABCの点Aから面OBCにひいた高さとなる。△ODEは1辺の長さが4の正三角形だから，その面積は$\frac{1}{2}\times 4\times\left(4\times\frac{\sqrt{3}}{2}\right)=4\sqrt{3}$　よって，三角すいOADEの体積は$\frac{1}{3}\times 4\sqrt{3}\times 2\sqrt{6}=8\sqrt{2}$　三角すいOADEの体積を△ADEを底面，OHを高さとして求めることで，$\frac{1}{3}\times 4\sqrt{6}\times \mathrm{OH}=8\sqrt{2}$　$\mathrm{OH}=\frac{24\sqrt{2}}{4\sqrt{6}}=\frac{6}{\sqrt{3}}=\frac{6\sqrt{3}}{3}=2\sqrt{3}$

分数を，分子が1の分数の和で表すことについて考えてみよう。

分数を，分子が1の分数の和で表すことは昔から多くの数学者が研究してきたことである。様々なケースで様々な方法が見つかっているが，本問題集に登場する問題に関してさらに研究してみよう。

$\frac{a}{b}$に関して，bをaで割ったときの商をq，余りをrとすると，$b=aq+r$　このことを用いると，$\frac{a}{b}=\frac{a(q+1)}{b(q+1)}=\frac{aq+a}{b(q+1)}$　$aq=b-r$なので，$\frac{aq+a}{b(q+1)}=\frac{b-r+a}{b(q+1)}=\frac{b}{b(q+1)}+\frac{a-r}{b(q+1)}=\frac{1}{q+1}+\frac{a-r}{b(q+1)}$

例えば，$\frac{3}{14}$の場合，14÷3＝4余り2なので，$a=3$，$b=14$，$q=4$，$r=2$として$\frac{1}{q+1}+\frac{a-r}{b(q+1)}$に代入すると，$\frac{1}{q+1}+\frac{a-r}{b(q+1)}=\frac{1}{4+1}+\frac{3-2}{14\times(4+1)}=\frac{1}{5}+\frac{1}{14\times 5}=\frac{1}{5}+\frac{1}{70}$

このように，$a-r=1$の場合には2つの「分子が1の分数の和」で表すことができる。

では，$a-r$が1でない場合はどうだろうか。$a-r=2$の場合について考えてみよう。

例えば，$\frac{3}{13}$の場合，13÷3＝4余り1なので，$a=3$，$b=13$，$q=4$，$r=1$　$\frac{1}{q+1}+\frac{a-r}{b(q+1)}=\frac{1}{4+1}+\frac{3-1}{13\times(4+1)}=\frac{1}{5}+\frac{2}{65}$　$\frac{2}{65}$について，65÷2＝32余り1　$a=2$，$b=65$，$q=32$，$r=1$とすると，$\frac{2}{65}=\frac{1}{33}+\frac{1}{65\times 33}=\frac{1}{33}+\frac{1}{2145}$　よって，$\frac{3}{13}=\frac{1}{5}+\frac{1}{33}+\frac{1}{2145}$

$a-r$が3以上の数になる場合も，同じような計算を繰り返すことで「分子が1の分数の和」で表すことができる。

解答

1 (1) $-22\sqrt{6}$ (2) $(x+y-2)(y-x+2)$ (3) 19 (4) $x=\dfrac{-1\pm\sqrt{41}}{2}$

2 (1) 24通り (2) 288通り

3 (1) $y=x+\dfrac{40}{3}$ (2) 6：1 (3) $\left(0,\ \dfrac{4}{3}\right)$，$\left(-5,\ \dfrac{19}{3}\right)$

4 (1) 13 (2) $\dfrac{20}{9}$ (3) $\dfrac{20}{3}$ (4) $\dfrac{119}{12}$

5 (1) $2\sqrt{2}$ cm (2) $3\sqrt{15}$ cm^2 (3) $\dfrac{3}{8}$倍

配点 1・2 各5点×6 3 各6点×3 4 各7点×4 5 各8点×3
計100点

解説

1 (式の計算，因数分解，演算記号)

(1) $3\sqrt{2}-2\sqrt{3}=\mathrm{A}$，$3\sqrt{2}+2\sqrt{3}=\mathrm{B}$とおいて，$\mathrm{A}^2-\mathrm{B}^2=(\mathrm{A}+\mathrm{B})(\mathrm{A}-\mathrm{B})$を利用すると，$(3\sqrt{2}-2\sqrt{3})^2-(3\sqrt{2}+2\sqrt{3})^2=\{(3\sqrt{2}-2\sqrt{3})+(3\sqrt{2}+2\sqrt{3})\}\{(3\sqrt{2}-2\sqrt{3})-(3\sqrt{2}+2\sqrt{3})\}=6\sqrt{2}\times(-4\sqrt{3})=-24\sqrt{6}$ また，$\dfrac{6(\sqrt{2}-\sqrt{3})}{\sqrt{3}}=\dfrac{6\sqrt{3}(\sqrt{2}-\sqrt{3})}{3}==2\sqrt{6}-6$ よって，$(3\sqrt{2}-2\sqrt{3})^2-(3\sqrt{2}-2\sqrt{3})^2+\dfrac{6(\sqrt{2}-\sqrt{3})}{\sqrt{3}}+6=-24\sqrt{6}+2\sqrt{6}-6+6=-22\sqrt{6}$

(2) $-x^2+y^2+4x-4=y^2-(x^2-4x+4)=y^2-(x-2)^2=(y+x-2)\{y-(x-2)\}=(y+x-2)(y-x+2)$

(3) $\dfrac{1}{3-2\sqrt{2}}=\dfrac{3+2\sqrt{2}}{(3-2\sqrt{2})(3+2\sqrt{2})}=3+2\sqrt{2}$ $2\sqrt{2}=\sqrt{8}$ $2<\sqrt{8}<3$だから，$2<2\sqrt{2}<3$ $5<3+2\sqrt{2}<6$ したがって，$a=5$ $a+b=3+2\sqrt{2}$なので，$b=3+2\sqrt{2}-5=-2+2\sqrt{2}$ $3a+4b+b^2=15+b(4+b)=15+(2\sqrt{2}-2)(2\sqrt{2}+2)=15+4=19$

(4) $2◎x=3\times2^2+2x^2-2x=2x^2-2x+12$，$x◎1=3x^2+2\times1^2-x=3x^2-x+2$より，$2x^2-2x+12=3x^2-x+2$ $x^2+x-10=0$ 解の公式を用いて，
$x=\dfrac{-1\pm\sqrt{1^2-4\times1\times(-10)}}{2\times1}=\dfrac{-1\pm\sqrt{41}}{2}$

第1回 第2回 第3回 第4回 第5回 第6回 第7回 第8回 第9回 第10回 解答用紙 公式集

2 （場合の数）

（1） Kのカードの取り出し方は4通りある。仮に，裏に1と書かれたカードを取り出したとすると，すべて異なる数字である場合には，それに対してEのカードの取り出し方は3通りである。K－1，E－2と取り出したとすれば，Iのカードの取り出し方は2通りである。K－1，E－2，I－3と取り出したとすれば，Oのカードの取り出し方は1通りしかない。よって，Kの取り出し方が4通りあり，そのそれぞれに対してEの取り出し方が3通りずつあり，それらに対してIの取り出し方が2通りずつあり，それらに対してOの取り出し方が1通りずつあるので，$4\times3\times2\times1=24$（通り）

（2） 2種類の文字を2枚ずつ取り出すとき，その取り出し方は，KとE，KとI，KとO，EとI，EとO，IとOの6通りある。…① そのうちの1つであるKとEについて考えると，3種類の数字の取り出し方が，1と2と3，1と2と4，1と3と4，2と3と4の4通りある。…② KとEを取り出し，数字として1と2と3を取り出すことを考える。4個目の数字として1か2か3の3通りある。…③ 文字がKとE，数字が1，1，2，3であるとすると，まず，K－1，E－1が取り出されていることがわかる。他のKとEについては，K－2，E－3となる場合とK－3，E－2となる場合の2通りが考えられる。…④ したがって，①～④から，$6\times4\times3\times2=144$（通り）…⑤ 2種類の文字が3枚と1枚のときは，その取り出し方は，Kが3枚とEが1枚，Kが1枚とEが3枚というように，$6\times2=12$通り考えられる…⑥ 3種類の数字の取り出し方はやはり4通り…⑦ そのうちどの数字が2つ使われるかで3通り…⑧ 文字がK，K，K，E，数字が1，1，2，3のとき，K－1，E－1，2と3はKというように1通りに決まる。…⑨ ⑥～⑨から，$6\times4\times3\times2=144$（通り）…⑩ ⑤と⑩から，288（通り）

3 （直線の式，直線の傾き，座標）

（1） $y=\frac{1}{3}x^2$に$x=-5$を代入して，$y=\frac{25}{3}$ よって，$B\left(-5,\ \frac{25}{3}\right)$ 直線ABの式を$y=ax+b$とおくと，2点A，Bを通るから，$\frac{22}{3}=-6a+b$，$\frac{25}{3}=-5a+b$ この連立方程式を解いて，$a=1$，$b=\frac{40}{3}$ よって，$y=x+\frac{40}{3}$

（2） 直線ABの式の切片が$\frac{40}{3}$だから，$P\left(0,\ \frac{40}{3}\right)$ $C\left(1,\ \frac{1}{3}\right)$，$Q\left(2,\ \frac{4}{3}\right)$だから，直線CQの傾きは，$\left(\frac{4}{3}-\frac{1}{3}\right)\div(2-1)=1$ 点Aを通るx軸に平行な直線をひき，y軸との交点をDとし，点Cを通るx軸に平行な直線と点Qを通るy軸に平行な直線をひき，その交点をEとすると，△ADPと△CEQは相似な直角二等辺三角形となる。よって，PA：QC＝AD：CE＝$\{0-(-6)\}:(2-1)=6:1$

（3） 点Cを通るy軸に平行な直線と点Aを通るx軸に平行な直線をひき，その交点をFとする。直線ACの傾きは，$\left(\frac{22}{3}-\frac{1}{3}\right)\div(-6-1)=-1$ よって，△AFCは直角二等辺三角形になり，△CEQと相似である。よって，AC：CQ＝AF：CE＝$\{1-(-6)\}$：$(2-1)=7:1$ 直線ABと直線AC，直線CQと直線ACはそれぞれ垂直に交わっているので，∠PRQ＝90°のとき，∠PRA＝90°－∠ARP＝∠RQC　よって，△PRA∽△RQC　AP：CR＝AR：CQ CQ＝aとすると，AP＝$6a$，AC＝$7a$　AR＝bとするとCR＝$7a-b$　よって，$6a:(7a-b)=b:a$　$6a^2=7ab-b^2$　$b^2+7ab-6a^2=0$　$(b-a)(b-6a)=0$　$b=a$，$6a$ よって，点RはACを1：6，または6：1に分ける点である。点Rのx座標をxとすると，AR：CR＝1：6のとき，$\{x-(-6)\}:(1-x)=1:6$　$6x+36=1-x$　$x=-5$　AR：CR＝6：1のとき，$\{x-(-6)\}:(1-x)=6:1$　$x+6=6-6x$　$x=0$　直線ACの式を$y=-x+c$とおき，$C\left(1,\ \frac{1}{3}\right)$を代入して$c$の値を求めると，$c=\frac{4}{3}$　直線ACの式は$y=-x+\frac{4}{3}$だから，$x=-5$のとき，$y=\frac{19}{3}$，$x=0$のとき，$y=\frac{4}{3}$　したがって，点Rの座標は，$\left(-5,\ \frac{19}{3}\right)$，$\left(0,\ \frac{4}{3}\right)$

4 （円と接線，三平方の定理）

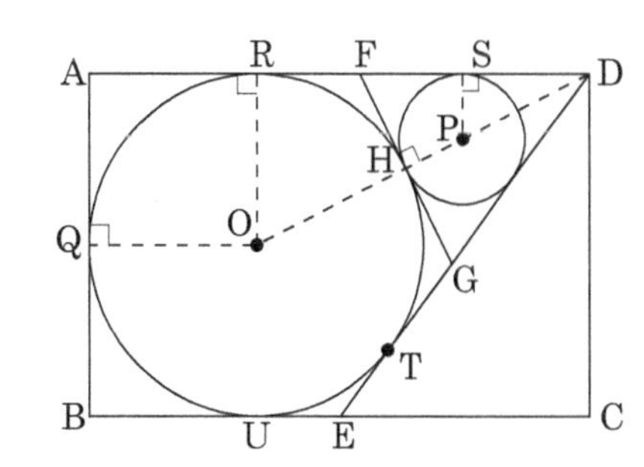

(1)　円OとAB，ADとの接点をそれぞれQ，Rとすると，接線は接点を通る半径に垂直なので，四角形AQORは正方形となる。よって，△DORは直角三角形となり，OR＝5，DR＝17－5＝12　△DORで三平方の定理を用いると，$DO=\sqrt{OR^2+DR^2}=\sqrt{169}=13$

(2)　点O，点PはそれぞれAD，DEから等しい距離にある。よって，ともに∠ADEの二等分線上にある。円PとADとの接点をSとすると，PS//ORなので，PS：OR＝DP：DO　円Pの半径をrとすると，
DP＝$13-5-r=8-r$　よって，$r:5=(8-r):13$　$13r=40-5r$　$r=\frac{40}{18}=\frac{20}{9}$

(3)　△DFH≡△DGH，FH＝GHなので，FHの長さを求める。△DFH∽△DORなので，FH：OR＝DH：DR　FH：5＝8：12　$FH=\frac{40}{12}=\frac{10}{3}$　よって，$FG=\frac{20}{3}$

(4)　DG＝DF　DF：DO＝DH：DR　DF：13＝8：12　$DF=DG=\frac{13\times8}{12}=\frac{26}{3}$
円OとDEとの接点をTとすると，円外の1点から円にひいた接線の長さは等しいから，DT＝DR＝12　円OとBCの接点をUとし，ET＝EU＝xとすると，DE＝$12+x$　EC＝$17-5-x=12-x$　△DECで三平方の定理を用いると，$(12+x)^2=(12-x)^2+10^2$　$(12+x)^2-(12-x)^2=100$　$48x=100$　$x=\frac{25}{12}$　したがって，$CE=12-\frac{25}{12}=\frac{119}{12}$

5 （相似，面積，体積比）

(1)　△OBCと△BPCは∠Cが共通の二等辺三角形だから，△OBC∽△BPC　CB：CP＝OB：BP　$CP=\frac{4\times4}{4\sqrt{2}}=2\sqrt{2}$ (cm)

(2)　PはOCの中点だから，QはODの中点となり，$QP=\frac{1}{2}AB=2$　$AQ=BP$だから，PからABにひいた垂線をPHとすると，$BH=(4-2)\div 2=1$より，$PH=\sqrt{4^2-1^2}=\sqrt{15}$　よって，四角形$PQAB=\frac{1}{2}\times(2+4)\times\sqrt{15}=3\sqrt{15}(cm^2)$

(3)　正四角すいO－ABCDの体積をVとする。この正四角すいを平面ODBで切り分けると，三角すいO－ABD＝三角すいO－BCD＝$\frac{1}{2}V$　ここで，三角すいO－ABQ：三角すいO－ABD＝△OAQ：△OAD＝OQ：OD＝1：2だから，三角すいO－ABQ＝$\frac{1}{2}\times\frac{1}{2}V=\frac{1}{4}V$

三角すいO－BPQ：三角すいO－BCD＝△OQP：△ODC＝$1^2:2^2=1:4$だから，三角すいO－BPQ＝$\frac{1}{4}\times\frac{1}{2}V=\frac{1}{8}V$　よって，四角すいO－PQAB＝$\frac{1}{4}V+\frac{1}{8}V=\frac{3}{8}V$となり，$\frac{3}{8}$倍

異なるm個のものの並べ方について考えてみよう。

異なるm個のものを一列に並べる並べ方の数は，$m\times(m-1)\times(m-2)\times\cdots\cdots\times2\times1$
異なるm個のものからn個を取り出して並べる並べ方の数は，$m\times(m-1)\times\cdots\cdots(m-n+1)$
　例えば、異なる10個のものから3個を取り出して並べる場合は，$10\times(10-1)\times(10-3+1)$　次に，m個のうちのn個が同じ数である場合について考えてみよう。
　例えば，a，a，a，b，c，d，eの7個の文字を並べる並べ方の数は，a_1，a_2，a_3，b，c，d，eとaを区別した場合，$7\times6\times5\times4\times3\times2\times1$　その中には，$(a_1, a_2, a_3, b, c, d, e)$，$(a_1, a_3, a_2, b, c, d, e)$，$(a_2, a_1, a_3, b, c, d, e)$，$(a_2, a_3, a_1, b, c, d, e)$，$(a_3, a_1, a_2, b, c, d, e)$，$(a_3, a_2, a_1, b, c, d, e)$があるが，これらは，$a$を$a_1$，$a_2$，$a_3$と区別しない場合には1通りである。ところで，$a_1$，$a_2$，$a_3$の3個のものの並べ方の数は，$3\times2\times1$　よって，a，a，a，b，c，d，eの7個の数の並べ方の数は，
$\frac{7\times6\times5\times4\times3\times2\times1}{3\times2\times1}$　m個のうちのn個が同じものである場合として表すと，
$\frac{m\times(m-1)\times\cdots\cdots\times2\times1}{n\times(n-1)\times\cdots\cdots\times2\times1}$

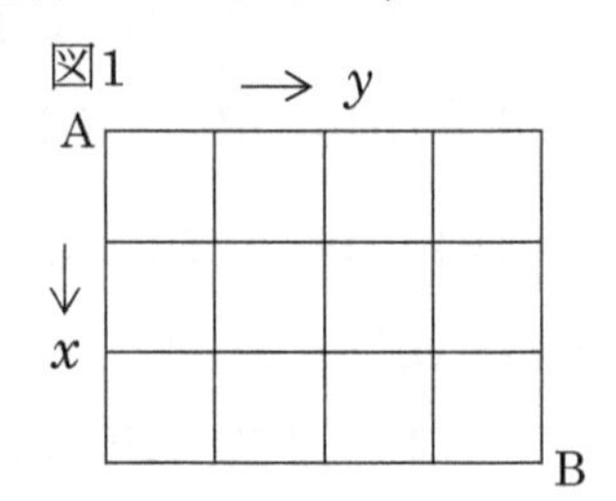

＊ m個のうちのn個が同じもの，p個が同じもの，q個が同じもの，……の場合も同様に考えていくことができる。図1の合同な長方形で作られたマス目について，AからBまで行く最短経路の数は，下に移動することをx，右に移動することをyと表すと，下に3，右に4移動するのだから，x，x，x，y，y，y，yの7つの文字の並べ方の数を求めればよい。
よって，$\frac{7\times6\times5\times4\times3\times2\times1}{(3\times2\times1)\times(4\times3\times2\times1)}=35$
なお，この問題に関しては，図2のように，交差する点への行き方の数を順に加えていく方法もある。

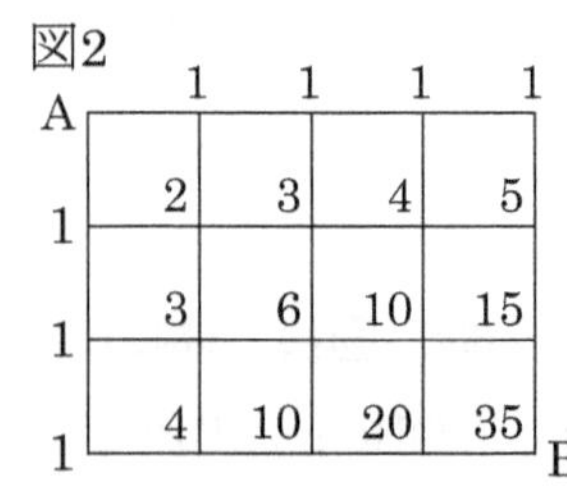

70 第5回 解答・解説

解答

1 (1) $6\sqrt{6}$ (2) $-\frac{11}{12}a^5$ (3) $\frac{1}{2}$ (4) -9

2 (1) $3\pi+6\sqrt{3}$ (2) $4\sqrt{5}$

3 (1) A(2, 4) (2) P(−4, −8) (3) 41個

4 (1) A(−6, 0) (2) AB=10 (3) C(0, 3) (4) P(2, 4)

5 (1) $\frac{8\sqrt{2}}{3}$ (2) $\frac{5\sqrt{2}}{3}$

配点 1 各5点×4 2・3 各6点×5 4 各8点×4 5 各9点×2
計100点

解説

1 (式の計算，二次方程式，式の値)

(1) $\left(\frac{\sqrt{5}+\sqrt{3}-\sqrt{2}}{\sqrt{2}}\right)^3\left(\frac{\sqrt{5}-\sqrt{3}+\sqrt{2}}{\sqrt{2}}\right)^3=\left\{\frac{\sqrt{5}+(\sqrt{3}-\sqrt{2})}{\sqrt{2}}\right\}^3\left\{\frac{\sqrt{5}-(\sqrt{3}-\sqrt{2})}{\sqrt{2}}\right\}^3=$ $\frac{\{(\sqrt{5})^2-(\sqrt{3}-\sqrt{2})^2\}^3}{(\sqrt{2})^6}=\frac{\{5-(3-2\sqrt{6}+2)\}^3}{8}=\frac{(5-3+2\sqrt{6}-2)^3}{8}=\frac{(2\sqrt{6})^3}{8}=\frac{48\sqrt{6}}{8}=$ $6\sqrt{6}$

(2) $\left(-\frac{2a}{3}\right)^3\div\left(\frac{4}{3a}\right)^2-3a\div\left(\frac{2}{a^2}\right)^2=-\frac{8a^3}{27}\times\frac{9a^2}{16}-3a\times\frac{a^4}{4}=-\frac{1}{6}a^5-\frac{3}{4}a^5=-\frac{11}{12}a^5$

(3) $x^2-5x+3=0$ 解の公式を用いて，$x=\frac{-(-5)\pm\sqrt{(-5)^2-4\times1\times3}}{2\times1}=\frac{5\pm\sqrt{13}}{2}$

よって，$x=\frac{5-\sqrt{13}}{2}$を，$x(x+\sqrt{13})$に代入すると，$\frac{5-\sqrt{13}}{2}\times\frac{5+\sqrt{13}}{2}=\frac{25-13}{4}=3$

また，$x^2-5x+9=x^2-5x+3+6=0+6=6$ よって，$\frac{x(x+\sqrt{13})}{x^2-5x+9}=\frac{3}{6}=\frac{1}{2}$

(4) $x^2-2(a+6)x+a^2+8a=0$の解が$x=-3$のみであることから，$\{x-(-3)\}^2=0$ $(x+3)^2=0$ $x^2+6x+9=0$ よって，$-2(a+6)=6$…① $a^2+8a=9$…② ①から，$a+6=-3$ $a=-9$ ②から，$a^2+8a-9=0$ $(a+9)(a-1)=0$ $a=-9, 1$
よって，$a=-9$

2 (おうぎ形の面積，三平方の定理)

(1) △OBDは内角が30°，60°，90°の直角三角形だから，BD＝$\frac{1}{\sqrt{3}}$OB＝$\frac{6}{\sqrt{3}}$＝$2\sqrt{3}$
∠AOC＝90°－30°＝60°　よって，求める部分の面積は，△OBD＋(おうぎ形OAC)－(おうぎ形OCB)＝$\frac{1}{2}\times6\times2\sqrt{3}+\pi\times6^2\times\frac{60}{360}-\pi\times6^2\times\frac{30}{360}=6\sqrt{3}+6\pi-3\pi=3\pi+6\sqrt{3}$ (cm²)

(2) 点Pを通るABに平行な直線をひき，AD，BCとの交点をそれぞれE，Fとする。また，点Pを通るADに平行な直線をひき，AB，DGとの交点をそれぞれG，Hとする。AG＝EP＝DH＝a，PF＝GB＝HC＝b，AE＝GP＝BF＝c，ED＝PH＝FC＝dとして，△PBFで三平方の定理を用いると，$PB^2=b^2+c^2$…①　△PFC，△PEAでそれぞれ三平方の定理を用いると，$b^2=10^2-d^2$，$c^2=4^2-a^2$…②　②を①に代入すると，$PB^2=116-(a^2+d^2)$…③　△PDEで三平方の定理を用いると，$a^2+d^2=6^2$…④　④を③に代入して，$PB^2=116-36=80$　したがって，PB＝$\sqrt{80}=4\sqrt{5}$

3 (点の座標，格子点の数)

(1) $y=x^2$と$y=-x^2+8$からyを消去して，$x^2=-x^2+8$　$x^2=4$　$x=\pm2$　よって，点Aのx座標は2となるから，$y=x^2$に$x=2$を代入して，$y=4$　したがって，A(2，4)

(2) 直線OAの式は$y=2x$　$y=2x$と$y=-x^2+8$からyを消去して，$2x=-x^2+8$　$x^2+2x-8=0$　$(x-2)(x+4)=0$　$x=2$，-4　よって，点Pのx座標は-4となるから，$y=2x$に$x=-4$を代入して，$y=-8$　したがって，P(－4，－8)

(3) 直線OBの式は$y=-2x$で，Q(4，－8)となるから，△OPQは二等辺三角形でy軸に関して対称である。求める格子点は点Pと，直線$x=-3$上にy座標が(－8)～(－6)の点が3個，直線$x=-2$上にy座標が(－8)～(－4)の点が5個，直線$x=-1$上にy座標が(－8)～(－2)の点が7個，y軸上に，y座標が(－8)～0の点が9個あり，直線$x=1$上にy座標が(－8)～(－2)の点が7個，直線$x=2$上にy座標が(－8)～(－4)の点が5個，直線$x=3$上にy座標が(－8)～(－6)の点が3個，点Qがある。よって，全部で，1＋3＋5＋7＋9＋7＋5＋3＋1＝41(個)

4 (点の座標，円と接線，直線の長さ)

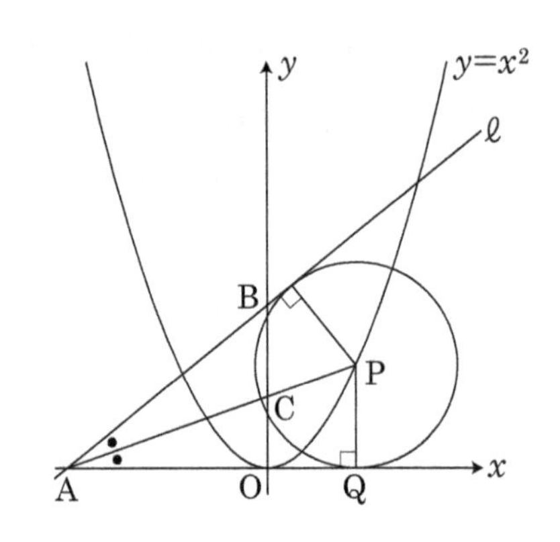

(1) x軸上の点のy座標は0だから，$0=\frac{4}{3}x+8$　$-4x=24$　$x=-6$　A(－6，0)

(2) A(－6，0)，B(0，8)だから，OA＝6，OB＝8
△OABで三平方の定理を用いると，AB＝$\sqrt{OA^2+OB^2}$＝$\sqrt{100}$＝10

(3) 直線AO(x軸)と直線ABはともに円Pの接線なので，

APは∠OABの二等分線である。△OABで，ACは∠OABの二等分線であり，三角形の1つの角の二等分線は，その角と向かい合う辺を，角を作る2辺の比に分けるから，OC：BC＝AO：AB＝3：5　OB＝8なので，OC＝3　よって，C(0, 3)

(4)　点Pからx軸に垂線PQをひくと，CO//PQ　よって，CO：PQ＝AO：AQ　点Pは放物線$y=x^2$の上にあるので，点Pのx座標をaとするとy座標はa^2　よって，OQ＝a，AQ＝$6+a$　また，PQ＝a^2だから，$3:a^2=6:(6+a)$　$2a^2=6+a$　$2a^2-a-6=0$　$(2a+3)(a-2)=0$　よって，$a=2$　P(2, 4)

5 (相似，多面体の体積)

(1)　多面体ABCDEFは，正四面体OPQRから正四面体OABF，PACD，QBCE，RDEFを切り取ったものと考えることができる。正四面体OPQRの体積は$\frac{\sqrt{2}}{12}\times4^3=\frac{16\sqrt{2}}{3}$，切り取る4つの正四面体の体積は，$\frac{\sqrt{2}}{12}\times2^3\times4=\frac{8\sqrt{2}}{3}$　したがって，多面体ABCDEFの体積は$\frac{16\sqrt{2}}{3}-\frac{8\sqrt{2}}{3}=\frac{8\sqrt{2}}{3}$

(2)　多面体ABCDEFの各辺の中点を頂点とする多面体は多面体ABCDEFから6個の正四角すいを切り取って作ることができる。BA，BC，BE，BFの中点をそれぞれG，H，I，Jとすると，正四角すいB－GHIJは正四角すいB－ACEFに相似であり，相似比は1：2である。相似な図形の体積比は相似比の3乗であり，正四角すいB－ACEFの体積は多面体ABCDEFの体積の$\frac{1}{2}$だから，正四角すいB－GHIJの体積は，$\frac{8\sqrt{2}}{3}\times\frac{1}{2}\times\frac{1}{8}=\frac{\sqrt{2}}{6}$　よって，求める多面体の体積は，$\frac{8\sqrt{2}}{3}-\frac{\sqrt{2}}{6}\times6=\frac{5\sqrt{2}}{3}$

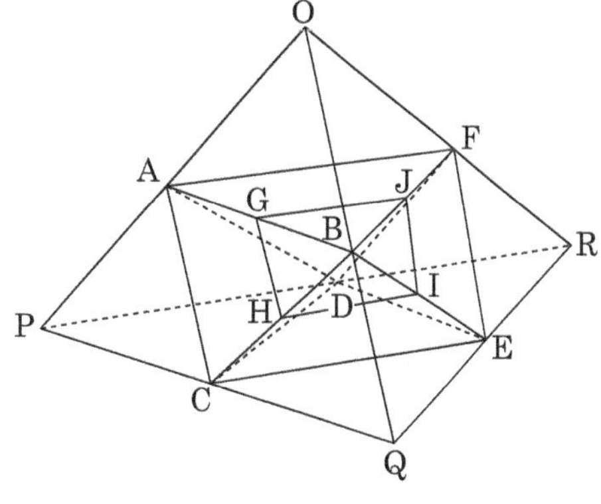

70 第6回 解答・解説

解答

1 (1) $(x-5)(x+9)(x^2+4x+19)$ (2) $x=\frac{1}{12}$, $y=\frac{1}{6}$, $z=\frac{1}{4}$

(3) $17-4\sqrt{15}$ (4) $a=19$

2 (1) 7通り (2) 31通り

3 (1) R$(-6, 9)$ (2) 30 (3) $y=2x+1$ (4) 1

4 (1) $\frac{1}{2}$ (2) 9：1 (3) 1

5 (1) $3\sqrt{3}$ (2) $\sqrt{3}$ (3) $\frac{5\sqrt{3}}{2}$

配点 1 各5点×4 2・3 各6点×6 4 各7点×3

5 (1) 7点 (2)・(3) 各8点×2 計100点

解説

1 (式の計算，連立方程式，式の値，自然数の性質)

(1) $(x-3)(x-1)(x+5)(x+7)-960=\{(x-3)(x+7)\}\{(x-1)(x+5)\}-960=(x^2+4x-21)(x^2+4x-5)-960$ $x^2+4x=\mathrm{A}$とおくと，$(\mathrm{A}-21)(\mathrm{A}-5)-960=\mathrm{A}^2-26\mathrm{A}+105-960=\mathrm{A}^2-26\mathrm{A}-855=\mathrm{A}^2-26\mathrm{A}-45\times19$ Aをもとに戻すと，$(x^2+4x-45)(x^2+4x+19)=(x-5)(x+9)(x^2+4x+19)$

(2) $(3-x):(y+1)=5:2$…① $3y+2z=1$…② $5x+2y+z=1$…③とする。①から，$6-2x=5y+5$ $-2x-5y=-1$…④ ③から，$z=1-5x-2y$ これを②に代入すると，$3y+2-10x-4y=1$ $-10x-y=-1$…⑤ ④－⑤×5から，$48x=4$ $x=\frac{1}{12}$ ⑤に代入して，$-\frac{5}{6}-y=-1$ $y=\frac{1}{6}$ $x=\frac{1}{12}$，$y=\frac{1}{6}$から，$z=1-\frac{5}{12}-\frac{1}{3}=\frac{1}{4}$

(3) $\sqrt{4}<\sqrt{5}<\sqrt{9}$だから，$\sqrt{5}=2+a$ $a=\sqrt{5}-2$ $\sqrt{1}<\sqrt{3}<\sqrt{4}$だから，$\sqrt{3}=1+b$ $b=\sqrt{3}-1$ よって，$(2b-a)^2=\{2(\sqrt{3}-1)-(\sqrt{5}-2)\}^2=(2\sqrt{3}-\sqrt{5})^2=(2\sqrt{3})^2-2\times2\sqrt{3}\times\sqrt{5}+(\sqrt{5})^2=12-4\sqrt{15}+5=17-4\sqrt{15}$

(4) $a\leqq\sqrt{x}\leqq a+1$の各辺を2乗すると，$a^2\leqq x\leqq(a+1)^2$ xはa^2から$(a+1)^2$までの自然数なので，その個数が40個のとき，$(a+1)^2-a^2+1=40$ $a^2+2a+1-a^2+1=40$ $2a=38$ よって，$a=19$

第1回 第2回 第3回 第4回 第5回 第6回 第7回 第8回 第9回 第10回 解答用紙 公式集

2 （組み合わせ）

(1)　記号のカードが＋のとき，数字のカードの組み合わせは，(1, 6)，(2, 5)，(3, 4)の3通り。記号のカードが×のとき，数字のカードの組み合わせは，(1, 7)の1通り。記号のカードが－のとき，数字のカードの組み合わせは，(10, 3)，(9, 2)，(8, 1)の3通り。よって，全部で，3＋1＋3＝7(通り)。

(2)　記号のカードが＋のとき，数字のカードの組み合わせは，(1, 4)，(1, 9)，(2, 3)，(2, 8)，(3, 7)，(4, 6)，(5, 10)，(6, 9)，(7, 8)の9通り。記号のカードが×のとき，数字のカードの組も合わせは，□を5と10を除く数字として，(5, □)，(10, □)，(5, 10)の8×2＋1＝17(通り)。記号のカードが－のとき，数字のカードの組み合わせは，(10, 5)，(9, 4)，(8, 3)，(7, 2)，(6, 1)の5通り。よって，全部で，9＋17＋5＝31(通り)。

3 （点の座標，面積，直線の方程式）

(1)　点Pのy座標は$\frac{1}{4}\times4^2=4$　　P(4, 4)　　直線ℓの式を$y=-\frac{1}{2}x+b$とおいて$x=4$，$y=4$を代入すると，$4=-2+b$　　$b=6$　　点Rのx座標は方程式$\frac{1}{4}x^2=-\frac{1}{2}x+6$の解として求められるので，$x^2+2x-24=0$　　$(x+6)(x-4)=0$　　$x=-6$　　$y=\frac{1}{4}\times(-6)^2=9$　よって，R(－6, 9)

(2)　△OPR＝△OPQ＋△ORQ　　OQ＝6を△OPQ，△ORQの共通の底辺とすると，それぞれの三角形の高さは，4，6　　よって，△OPR＝$\frac{1}{2}\times6\times4+\frac{1}{2}\times6\times6=30$

(3)　線分PQの垂直二等分線と直線ℓとの交点をM，y軸との交点をTとすると，点MはPQの中点なので，その座標は$\left(\frac{4}{2}, \frac{6+4}{2}\right)=(2, 5)$　　点Mからy軸に垂線MNをひくと，∠TMN＝90°－∠QMN＝∠MQN，∠TNM＝∠MNQなので△TMN∽△MQN　　よって，MN：TN＝QN：MN＝1：2　　よって，線分PQの垂直二等分線の傾きは2

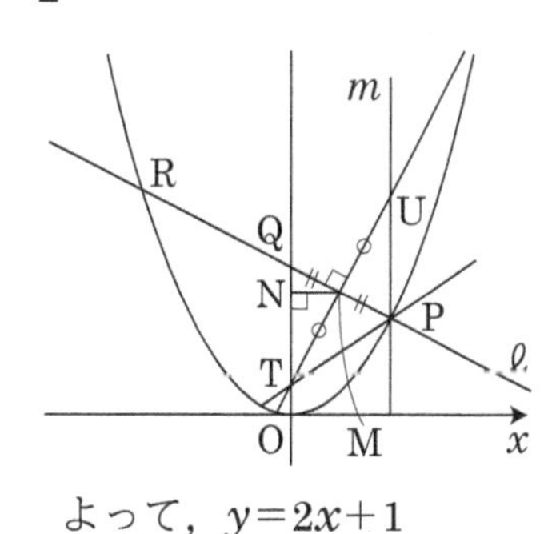

$y=2x+c$とおいて(2, 5)を代入すると，$5=4+c$　　$c=1$　　よって，$y=2x+1$

(4)　線対称な図形では対応する点を結ぶ線分は対称の軸によって垂直に2等分される。直線$y=2x+1$と直線mとの交点をUとすると，U(4, 9)　　(3)では，直線$y=2x+1$とy軸との交点をTとおいてT(0, 1)であることを求めた。$\left(\frac{4+0}{2}, \frac{9+1}{2}\right)=(2, 5)$だから，点Mは2点T，Uの中点である。また，$y=2x+1$は直線$\ell$に垂直である。よって，線分TUは直線$\ell$によって垂直に二等分されるので，点Uと点Tは直線$\ell$について対称な位置にある。つまり，直線$n$は2点T，Pを通る。したがって，点Sは点Tと一致し，そのy座標は1である。

4 （角の二等分線，相似）

(1)　角の二等分線の定理より，BP：PC＝AB：AC＝10：8＝5：4　　BP＝$9\times\frac{5}{9}$＝5　　BM＝$\frac{9}{2}$　　よって，MP＝$5-\frac{9}{2}=\frac{1}{2}$

(2)　点CからADへ垂線CHをひくと，2角がそれぞれ等しいことから，△BDP∽△CHP　よって，DP：HP＝BP：CP＝5：4より，DP＝$\frac{5}{9}$DH…①　　2角がそれぞれ等しいことから，△ABD∽△ACH　　よって，AD：AH＝AB：AC＝5：4より，DH＝$\frac{1}{5}$AD　　①と②より，DP＝$\frac{5}{9}\times\frac{1}{5}$AD＝$\frac{1}{9}$AD　　したがって，AD：PD＝9：1

(3)　△ACPと△DMPにおいて，∠APC＝∠DPM，AP：DP＝8：1，MP：CP＝$\frac{1}{2}$：4＝1：8　よって，2組の辺の比とその間の角がそれぞれ等しいことから，△ACP∽△DMP　　したがって，AC：DM＝AP：DP＝8：1　　DM＝$\frac{1}{8}$AC＝$\frac{1}{8}\times8=1$

5 （面積，多面体の体積）

(1)　XA//YBより，AP：BP＝XA：YB＝3：1　　よって，(2＋BP)：BP＝3：1より，3BP＝2＋BP　　BP＝1　　XA//ZCより，AR：CR＝XA：ZC＝3：2　　よって，(2＋CR)：CR＝3：2より，3CR＝2(2＋CR)　　CR＝4　　△APRにおいて，∠PAR＝60°，PA：RA＝(2＋1)：(2＋4)＝1：2　　よって，∠APR＝90°となり，PR＝$\sqrt{3}$PA＝$3\sqrt{3}$

(2)　ZC//YBより，QC：QB＝ZC：YB＝2：1　　よって，QB＝BC＝2　　△BQPにおいて，∠QBP＝∠ABC＝60°，QB：PB＝2：1　　よって，∠QPB＝90°となり，QP＝$\sqrt{3}$PB＝$\sqrt{3}$　Cから ABにひいた垂線の長さは$\sqrt{3}$　　△CQP＝△QBP＋△CBP＝$\frac{1}{2}\times1\times\sqrt{3}+\frac{1}{2}\times1\times\sqrt{3}$＝$\sqrt{3}$

(3)　(1)・(2)で確かめたように，∠APR＝90°，∠QPB＝90°　　よって，3点Q，P，Rは一直線上に並ぶから，求める立体の体積は，三角すいZCQRとYBQPの体積の差に等しい。△CQRはCQ＝CR＝4，QR＝$\sqrt{3}+3\sqrt{3}=4\sqrt{3}$だから，CからQRにひいた垂線の長さは2となる。よって，三角すいZCQRの体積は，$\frac{1}{3}\times$△CQR×ZC＝$\frac{1}{3}\times\left(\frac{1}{2}\times4\sqrt{3}\times2\right)\times2=\frac{8\sqrt{3}}{3}$　三角すいYBQPの体積は，$\frac{1}{3}\times$△BQP×YB＝$\frac{1}{3}\times\left(\frac{1}{2}\times\sqrt{3}\times1\right)\times1=\frac{\sqrt{3}}{6}$　　したがって，求める立体の体積は，$\frac{8\sqrt{3}}{3}-\frac{\sqrt{3}}{6}=\frac{15\sqrt{3}}{6}=\frac{5\sqrt{3}}{2}$

70 第7回 解答・解説

解答

[1] (1) 31.4159 (2) $x=\frac{3}{4}$, $y=\frac{3}{5}$ (3) $(x,\ y)=(1,\ 9)\ (2,\ 8)\ (4,\ 9)$
(4) ① (最も小さい数) 101 (最も大きい数) 119 ② 585

[2] (1) 15日目 (2) 9回 (3) 619日目

[3] (1) $a=-2$ (2) ① $\mathrm{OC}=\frac{4\sqrt{5}}{5}$ ② $r=\frac{6\sqrt{5}-10}{5}$
(3) x座標 $\frac{2\sqrt{5}+10}{5}$ y座標 $\frac{6\sqrt{5}+10}{5}$

[4] (1) $\frac{7}{5}$ (2) 6 (3) $\frac{7}{5}$

[5] (1) $\frac{2}{3}$ (2) 解説参照 (3) $\frac{9}{2}a^2\,(\mathrm{cm}^2)$

配点 [1] (4)① 各3点×2 他 各5点×4 [2]・[3]・[4] 各5点×11
[5] (1) 5点 他 各7点×2 計100点

解説

[1] (式の計算，二次方程式，回文数)

(1) $3.14159\times7.55052+2.44948\times2.23606+0.90553\times2.44948=3.14159\times7.55052+2.44948\times(2.23606+0.90553)=3.14159\times7.55052+2.44948\times3.14159=3.14159\times(7.55052+2.44948)=3.14159\times10=31.4159$

(2) $\frac{1}{x}=\mathrm{X}$, $\frac{1}{y}=\mathrm{Y}$とおくと，$\mathrm{X}+\mathrm{Y}=3\cdots$①，$2\mathrm{X}-\mathrm{Y}=1\cdots$② ①+②より，$3\mathrm{X}=4$
$\mathrm{X}=\frac{4}{3}$ よって，$x=\frac{3}{4}$ ①×2−③より，$3\mathrm{Y}=5$ $\mathrm{Y}=\frac{5}{3}$ よって，$y=\frac{3}{5}$

(3) $xy=(x+2)^2$ $xy=x^2+4x+4$ $x^2+4x-xy=-4$ $x(x+4-y)=-4$ したがって，$(x,\ x+4-y)$は$x>0$を満たし，積が-4となる自然数の組であるから，$(x,\ x+4-y)=(1,\ -4)$，$(2,\ -2)$，$(4,\ -1)$ それぞれを解くと，$(x,\ y)=(1,\ 9)$，$(2,\ 8)$，$(4,\ 9)$

(4) ① 題意より，5□5となる最も小さい数は505だから，もとの3ケタの整数は，$505\div5=101$ また，5□5となる最も大きい数は595だから，もとの3ケタの整数は，$595\div5=119$
② 15の倍数は3の倍数であり5の倍数である。5□5が最も大きい3の倍数になるのは，$5+□+5=18$より，$□=8$ よって，585である。

2 (数の性質，規則性)

(1)　1円硬貨と5円硬貨がともに手持ちからなくなるときの金額は10の倍数である。n日目の金額をx円とすると，右図で示すように，

$$
\begin{array}{rl}
 & x=1+2+3+\cdots\cdots+(n-1)+n \\
+) & x=n+(n-1)+\cdots\cdots3+2+1 \\
\hline
 & 2x=(n+1)+(n+1)+\cdots\cdots+(n+1)
\end{array}
$$

$2x=(n+1)\times n$　　$x=\dfrac{n(n+1)}{2}$　　この値が10の倍数となるときを求めていけばよい。$10=2\times5$なので，$n(n+1)$が$2\times2\times5$を含む数のときに$\dfrac{n(n+1)}{2}$が10の倍数となる。$n=4$のとき，$n+1=5$　　よって，$\dfrac{n(n+1)}{2}=10$　　2回目は$n=15$のときで，$n+1=16$となるから，$\dfrac{n(n+1)}{2}=120$　　よって，15日目である。

(2)　$n(n+1)$が20の倍数になるときを求めればよい。nの一の位の数が4であるときには$n+1$は5の倍数となる。そのときにnが4の倍数であれば$n(n+1)$は20の倍数となる。よって，$n=4$，24，44…①　　nが5の倍数で$n+1$が4の倍数である場合は、$n=15$，35…②　　n，$n+1$はどちらかの数が奇数となるので，nまたは$n+1$が10，30，50などの20の倍数でない10の倍数のときには$n(n+1)$が20の倍数となることはない。nまたは$n+1$が20の倍数のときには$n(n+1)$が20の倍数となる。nが20の倍数となるときには，20，40…③　　$n+1$が20の倍数となるときには，19，39…④　　①～④から，4日目，15日目，19日目，20日目，24日目，35日目，39日目，40日目，44日目の9回ある。

(3)　(4，15，19，20)，(4＋20，15＋20，19＋20，20＋20)，(4＋20×2，15＋20×2，19＋20×2，20＋20×2)，…と組にして考えると，123回目までには30組ある。123回目は，31組目の3番目の数だから，$19+20\times(31-1)=619$(日目)である。

3 (直線の傾き，相似，円と接線)

(1)　仮定より，BA＝BC＝BOだから，3点A，C，Oは点Bを中心とする半径2の円周上にあり，$\angle ACO=90^\circ$　　直交する2直線の傾きの積は-1だから，$a\times\dfrac{1}{2}=-1$　　$a=-2$

(2)　①　直線ℓとx軸との交点をDとすると，$y=-2x+4$に$y=0$を代入して，$0=-2x+4$　$x=2$　　よって，D(2，0)だから，$AD=\sqrt{2^2+4^2}=2\sqrt{5}$　　2組の角がそれぞれ等しいから，△OCD∽△AOD　　OC：AO＝OD：AD　　$OC=\dfrac{4\times2}{2\sqrt{5}}=\dfrac{4\sqrt{5}}{5}$

②　$AC=\sqrt{4^2-\left(\dfrac{4\sqrt{5}}{5}\right)^2}=\dfrac{8\sqrt{5}}{5}$　　円Pと3辺OC，CA，AOとの接点をそれぞれE，F，Gとする。円外の1点からひいた接線の長さは等しいから，四角形CFPEは正方形となる。$CE=CF=r$より，$OG=OE=\dfrac{4\sqrt{5}}{5}-r$，$AG=AF=\dfrac{8\sqrt{5}}{5}-r$　　OA＝OG＋AGより，$4=\left(\dfrac{4\sqrt{5}}{5}-r\right)+\left(\dfrac{8\sqrt{5}}{5}-r\right)$　　$2r=\dfrac{12\sqrt{5}}{5}-4$　　$r=\dfrac{6\sqrt{5}}{5}-2=\dfrac{6\sqrt{5}-10}{5}$

(3)　円Qとy軸，直線ℓ，mとの接点をそれぞれH，I，Jとする。$AH=AI=a$，$CI=CJ=b$とすると，$OH=4+a$，$OJ=\dfrac{4\sqrt{5}}{5}+b$　　ここで，AI＋CI＝ACより，$a+b=\dfrac{8\sqrt{5}}{5}$…(i)

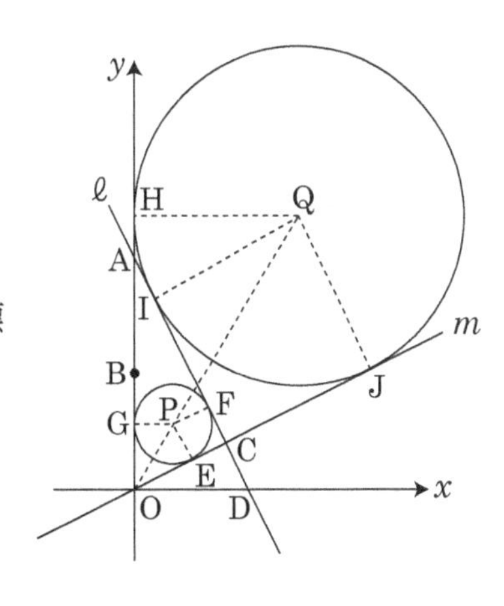

OH＝OJより，$4+a=\dfrac{4\sqrt{5}}{5}+b$　　$a-b=\dfrac{4\sqrt{5}}{5}-4$…(ii)

(i)＋(ii)より，$2a=\dfrac{12\sqrt{5}}{5}-4$　　$a=\dfrac{6\sqrt{5}}{5}-2$　　(i)－(ii)より，

$2b=\dfrac{4\sqrt{5}}{5}+4$　　$b=\dfrac{2\sqrt{5}}{5}+2$　　四角形CJQIは正方形だから，HQ＝IQ＝CJ＝$\dfrac{2\sqrt{5}}{5}+2$　　よって，円Qの中心のx座標は，$\dfrac{2\sqrt{5}+10}{5}$　　また，OH＝$4+\dfrac{6\sqrt{5}}{5}-2=\dfrac{6\sqrt{5}}{5}+2$より，

円Qの中心のy座標は，$\dfrac{6\sqrt{5}+10}{5}$

4　(三平方の定理，円周角，合同，相似)

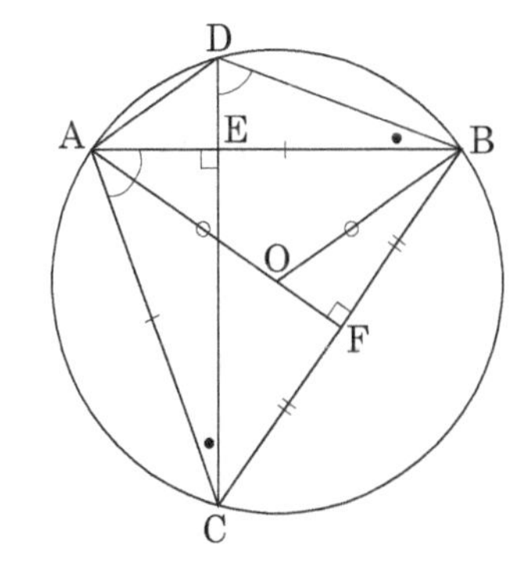

(1)　半径OBをひき，OF＝xとして△ABF，△OBFでそれぞれ三平方の定理を用いると，$BF^2=AB^2-AF^2=OB^2-OF^2$

$64-(5+x)^2=25-x^2$　　$64-25-10x-x^2=25-x^2$

$10x=14$　　$x=OF=\dfrac{7}{5}$

(2)　$BF=\sqrt{5^2-\left(\dfrac{7}{5}\right)^2}=\sqrt{\dfrac{25\times25-49}{25}}=\sqrt{\dfrac{576}{25}}=\dfrac{24}{5}$

$AF=5+\dfrac{7}{5}=\dfrac{32}{5}$　　よって，AB：AF：BF＝8：$\dfrac{32}{5}$：$\dfrac{24}{5}$＝5：4：3　　ところで，∠CBE＝∠ABF，∠CEB＝∠AFB　　2組の角がそれぞれ等しいので，△CBE∽△ABF　　よって，△CBEも3辺の比が5：4：3の直角三角形であり，BC：CE：BE＝5：4：3　　また，同じ弧に対する円周角は等しいから，∠ACE＝∠DBE，∠CAE＝∠BDE　　2組の角がそれぞれ等しいので，△ACE∽△DBE　　よって，AC：DB＝CE：BE　　中心から弦にひいた垂線はその弦を二等分するから，CF＝BF　　△ACF≡△ABFとなるので，AC＝AB＝8　　8：BD＝4：3　　BD＝6

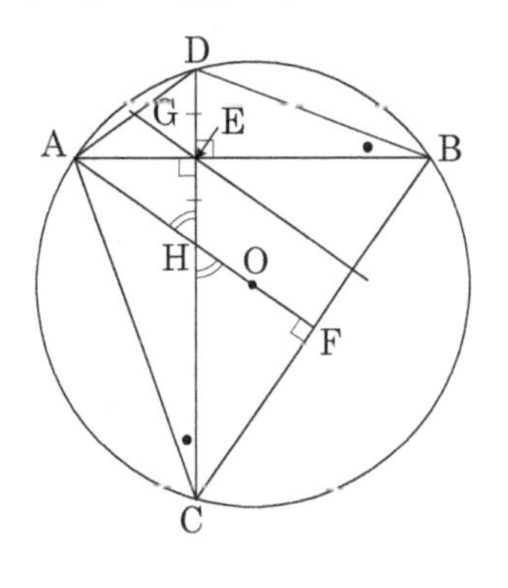

(3)　BF＝CFだから，$BC=2BF=\dfrac{48}{5}$　　BC：BE＝5：3から，

$BE=\dfrac{3}{5}BC=\dfrac{144}{25}$　　$AE=8-\dfrac{144}{25}=\dfrac{56}{25}$　　AE：DE＝AC：DB＝4：3だから，$DE=\dfrac{3}{4}AE=\dfrac{42}{25}$…①　　AFとCEの交点をHとすると，△AHEと△CHFも2組の角がそれぞれ等しくて相似であり，$HE=\dfrac{3}{4}AE=\dfrac{42}{25}$…②　　①，②から，点EはDHの中点である。EG//HAだから，点GはDAの中点となる。また，$AD=\dfrac{5}{4}AE=\dfrac{14}{5}$なので，$DG=\dfrac{7}{5}$

5 （点の移動，確率，面積）

(1)　点P，Qの速さは毎秒$a$cmなので，2秒後には$2a$cm進んでいる。よって，点Pは頂点B，D，Eのいずれかに進み，点Qは頂点C，F，Hのいずれかに進む。点Pの位置として3通りあり，そのそれぞれに点Qの位置が3通りずつあるので，点Pと点Qの位置の総数は$3\times3=9$(通り)　そのうち線分PQの長さが$2a$cmとなるのは，(P，Q)＝(B，C)，(B，F)，(D，C)，(D，H)，(E，F)，(E，H)の6通りなので，その確率は$\frac{6}{9}=\frac{2}{3}$

(2)　点P，Qはそれぞれ5秒間に$5a=2a+2a+a$進む。点Pの経路については，CP′が$2a$cm以下であることからA→B→C→CGの中点，A→D→C→CGの中点またはBCの中点が考えられる。P′とQ′がともに正方形BCGFの辺の上にあることから，点Qの経路として，G→H，G→F→E，G→C→Dは不適当であり，G→F→B→BCの中点，G→C→B→BFの中点が考えられる。これらの中で，Pの経路とQの経路が重ならないのは，点PがA→D→C→CGの中点と動き，点QがG→F→B→BCの中点と動くときである。作図せよという問題ではないが，作図によって位置を示すには，CGの垂直二等分線をひき，CGとの交点をP′とする。また，BCの垂直二等分線をひき，BCとの交点をQ′とする。

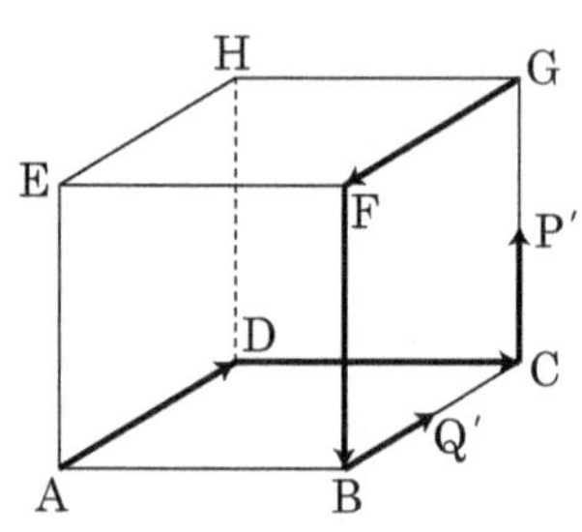

(3)　平行な平面に他の平面が交わるとき，交わりの直線は平行になる。面ADHEと面BCGFは平行だから，3点P′Q′Hを通る平面でこの立体を切断するとき，切断面で面ADHE上の点Hを通る直線は直線P′Q′に平行である。ところで，P′，Q′はそれぞれCG，CBの中点だから，P′Q′//GB　　よって，P′Q′//HA　　切断面は四角形Q′P′HAである。CQ′＝CP′＝aだからQ′P′＝$\sqrt{2}a$　　DA＝DH＝$2a$だからAH＝$2\sqrt{2}a$

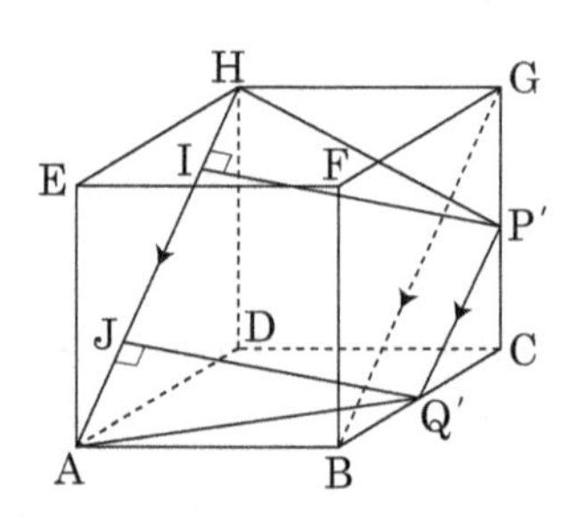

△P′GH，△Q′BAで三平方の定理を用いると，P′H＝Q′A＝$\sqrt{(2a)^2+a^2}=\sqrt{5a^2}=\sqrt{5}a$

点P′，点Q′からAHに垂線P′I，Q′Jをひくと，平行線間の距離は一定だから，P′I＝Q′J

△P′HIと△Q′AJは斜辺と他の1辺がそれぞれ等しい直角三角形だから合同であり，HI＝AJ $=\frac{2\sqrt{2}a-\sqrt{2}a}{2}=\frac{\sqrt{2}a}{2}$　　△P′HIまたは△Q′AJで三平方の定理を用いると，P′I＝Q′J＝ $\sqrt{(\sqrt{5}a)^2-\left(\frac{\sqrt{2}a}{2}\right)^2}=\frac{\sqrt{9a^2}}{\sqrt{2}}=\frac{3\sqrt{2}a}{2}$　　したがって，断面の面積は，$\frac{1}{2}\times(\sqrt{2}a+2\sqrt{2}a)\times\frac{3\sqrt{2}a}{2}=\frac{9}{2}a^2$(cm^2)

第8回　解答・解説

解答

1　(1) $\frac{8}{9}$　(2) 32　(3) ① $\frac{8}{5}$　② 3.14　(4) 72通り

2　(1) $\frac{11}{36}$　(2) $\frac{5}{108}$

3　(1) 144　(2) $16n^2$　(3) 解説参照

4　(1) $\sqrt{a}$　(2) ① $\sqrt{b-1}$　② 解説参照

5　(1) $3\sqrt{6}$　(2) ① 3　② F′C′=6　③ $33\sqrt{2}$

配点　1・2 各5点×7　3 (1)・(2) 各5点×2　(3) 12点

4 (1)・(2)① 各5点×2　(2)② 10点

5 (1) 5点　(2) 各6点×3　計100点

解説

1 (式の計算，式の値，演算記号，場合の数)

(1) $\frac{1}{1\times2}+\frac{1}{2\times3}=\frac{3+1}{1\times2\times3}=\frac{2}{3}$　$\frac{1}{3\times4}+\frac{1}{4\times5}=\frac{5+3}{3\times4\times5}=\frac{2}{15}$　$\frac{1}{5\times6}+\frac{1}{6\times7}=\frac{7+5}{5\times6\times7}=\frac{2}{35}$　$\frac{1}{7\times8}+\frac{1}{8\times9}=\frac{9+7}{7\times8\times9}=\frac{2}{63}$　$\frac{2}{3}+\frac{2}{15}=\frac{2}{1\times3}+\frac{2}{3\times5}=\frac{2\times5+2\times1}{1\times3\times5}=\frac{4}{5}$　$\frac{2}{35}+\frac{2}{63}=\frac{2}{5\times7}+\frac{2}{7\times9}=\frac{2\times9+2\times5}{5\times7\times9}=\frac{4}{45}$　$\frac{4}{5}+\frac{4}{45}=\frac{40}{45}$　つまり，$\frac{1}{1\times2}+\frac{1}{2\times3}+\frac{1}{3\times4}+\frac{1}{4\times5}+\frac{1}{5\times6}+\frac{1}{6\times7}+\frac{1}{7\times8}+\frac{1}{8\times9}=\frac{2}{1\times3}+\frac{2}{3\times5}+\frac{2}{5\times7}+\frac{2}{7\times9}=\frac{4}{1\times5}+\frac{4}{5\times9}=\frac{8}{1\times9}=\frac{8}{9}$

(2) $x+y=\sqrt{11}$，$x-y=\sqrt{3}$ の両辺をそれぞれ2乗すると，$x^2+2xy+y^2=11$…① $x^2-2xy+y^2=3$…②　①−②から，$4xy=8$　$xy=2$　よって，$x^5y^5=32$

(3) ① [1；1，1，2]のとき，$a_2+\frac{1}{a_3}=$Aとおくと，$A=1+\frac{1}{2}=\frac{3}{2}$　よって，$\frac{1}{A}=\frac{2}{3}$　$B=a_1+\frac{1}{A}$とおくと，$B=1+\frac{2}{3}=\frac{5}{3}$　$\frac{1}{B}=\frac{3}{5}$　したがって，$a_0+\frac{1}{B}=1+\frac{3}{5}=\frac{8}{5}$

② [3；7，15，1]のとき，$a_2+\frac{1}{a_3}=$Aとおくと，$A=15+\frac{1}{1}=16$　よって，$\frac{1}{A}=\frac{1}{16}$　$B=a_1+\frac{1}{A}$とおくと，$B=7+\frac{1}{16}=\frac{113}{16}$　$\frac{1}{B}=\frac{16}{113}$　したがって，$a_0+\frac{1}{B}=3+\frac{16}{113}$　$\frac{16}{113}=16\div113=0.141\cdots$　よって，小数第2位まで求めると，3.14

(4)　立方体の辺に沿って，紙面奥方向への移動をa，右方向への移動をb，下方向への移動をcとすると，AからBまでの経路は，$a→b→c$，$a→c→b$，$b→a→c$，$b→c→a$，$c→a→b$，$c→b→a$の6通りあり，これは，異なる3つのものa，b，cの並べ方の数である。さらに，紙面手前方向への移動をd，上方向への移動をeとし，BからCまでの経路での初めの右方向への移動をb_1，2回目の右方向への移動をb_2として，b_1，b_2，d，eの並べ方の数を考えてみる。4つの文字の並べ方の総数は，$4×3×2×1=24$(通り)あるが，例えば，$b_1→d→b_2→e$の移動はあっても，$b_2→d→b_1→e$の移動はない。よって，移動経路の数は，$24÷2=12$(通り)　AからBまでの最短経路が6通りあり，そのそれぞれに対してBからCまでの最短経路が12通りずつあるから，AからBを通るCまでの最短経路は，$6×12=72$(通り)

2　(確率)

(1)　さいころの目の出方の総数は$6×6=36$(通り)　直線PQは切片2の直線で，頂点A，Bを通るとき，$(a, b)=(1, 2)$，$(2, 2)$，$(3, 2)$，$(4, 2)$，$(5, 2)$，$(6, 2)$の6通り。頂点Cを通るとき，$(a, b)=(2, 3)$，$(4, 4)$，$(6, 5)$の3通り。頂点Dを通るとき，$(a, b)=(1, 4)$，$(2, 6)$の2通りだから，求める確率は，$\frac{6+3+2}{36}=\frac{11}{36}$

(2)　さいころの目の出方の総数は$6×6×6=216$(通り)　長方形の面積は，2つの対角線の交点を通る直線で二等分される。直線RSは切片e，線分ACの中点$\left(\frac{5}{2}, 3\right)$を通る直線である。$e=1$のとき，$(a, b)=(5, 5)$　$e=2$のとき，$(a, b)=(5, 4)$　$e=3$のとき，$(a, b)=(1, 3)$，$(2, 3)$，$(3, 3)$，$(4, 3)$，$(5, 3)$，$(6, 3)$の6通り。$e=4$のとき，$(a, b)=(5, 2)$　$e=5$のとき，$(a, b)=(5, 1)$　$e=6$のときはない。よって，求める確率は，$\frac{1×4+6}{216}=\frac{5}{108}$

3　(面積，数列，証明)

(1)　$x=5$，7のときのy座標はそれぞれ$5^2=25$，$7^2=49$　よって，3番目の四角形は4点$(0, 25)$，$(5, 25)$，$(7, 49)$，$(0, 49)$に囲まれた台形である。よってその面積は，$\frac{1}{2}×(5+7)×(49-25)=144$

(2)　3番目の四角形の面積は，$\frac{1}{2}×(\{2×3-1)+(2×3+1)\}×\{(2×3+1)^2-(2×3-1)^2\}$で求めることができた。よって，$n$番目の四角形の面積は，$\frac{1}{2}(\{2n-1)+(2n+1)\}\{(2n+1)^2-(2n-1)^2\}=\frac{1}{2}×4n×8n=16n^2$

(3)　右図の△ADEで考えるとする。点Aのx座標を$2n-1$とすると，点B，点Cのx座標はそれぞれ$2n$，$2n+1$である。点A，B，Cのy座標は$(2n-1)^2$，点Dのy座標は$(2n)^2$，点Eのy座標は$(2n+1)^2$となる。よって，$BD=(2n)^2-(2n-1)^2=4n-1$

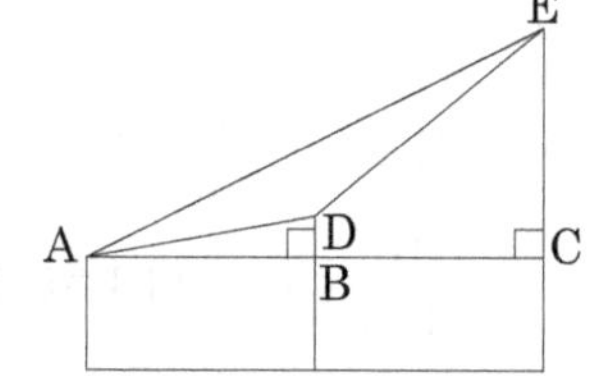

$EC=(2n+1)^2-(2n-1)^2=8n$　　したがって，△ADE＝△ACE－△ABD－(台形BCED)＝$\frac{1}{2}\times2\times8n-\frac{1}{2}\times1\times(4n-1)-\frac{1}{2}\times1\times(\{4n-1)+8n\}=8n-2n+\frac{1}{2}-6n+\frac{1}{2}=1$
よって，nの値に関わらず1となるので，このような三角形の面積はすべて1となり等しい。

4 (円周角，三平方の定理，作図)

(1)　直径に対する円周角なので，∠ACB＝90°　　よって，∠ACH＝90°－∠BCH＝∠CBH　また，∠AHC＝∠CHB　　2組の角がそれぞれ等しいので，△ACH∽△CBH　　対応する辺の比は等しいから，AH：CH＝HC：HB　　CH＝xとすると，$1:x=x:a$
$x^2=a$　　したがって，$x=\sqrt{a}$

(2)　①　長方形ABCDの面積は$1\times b=b$　　並べかえて作る正方形も同じ面積なので，その1辺の長さは$\sqrt{b}$である。ADとBCが重なるように置くと，∠ADE＝90°－∠FDC＝∠FCDだから，図Ⅰの∠E′CFは90°となる。また，EE′＝AB＝DCだから，DCをEE′と重なるように置くと，∠F′E′E＋∠EE′C＝90°となり，また，∠FDC＝∠AED(錯角)だから，F′E，EFは同一直線上にある。このようにして，問題文の図3の正方形を作ることができる。E′C＝ED＝$\sqrt{b}$，AD＝1なので，△ADEで三平方の定理を用いると，$AE^2=ED^2-AD^2=b-1$　　したがって，AE＝$\sqrt{b-1}$

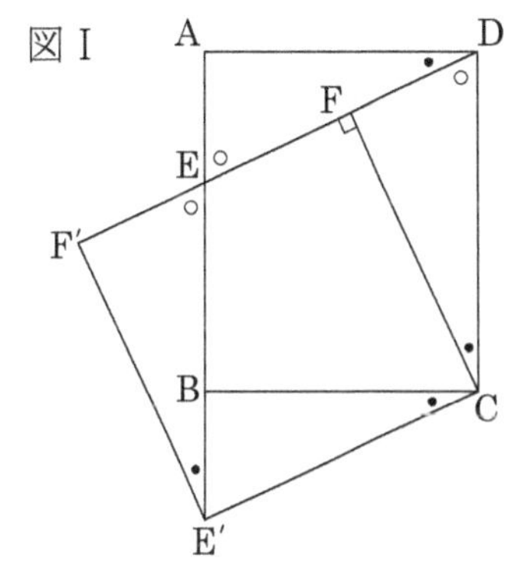

図Ⅰ

②　点Aを中心に半径AD＝1の円をかき，ABとの交点をPとする。ABの垂直二等分線をひき，ABの中点Qを求める。点Qを中心として半径QAの円をかく。点Pを通るABに垂直な直線をひき，円Qとの交点をRとする。△APR∽△RPBなので，AP：RP＝PR：PB　　$1:RP=PR:(b-1)$　　$PR^2=b-1$　　PR＝$\sqrt{b-1}$　　したがって，AB上にAE＝PRとなる点をとればよい。図Ⅱは作図したものである。

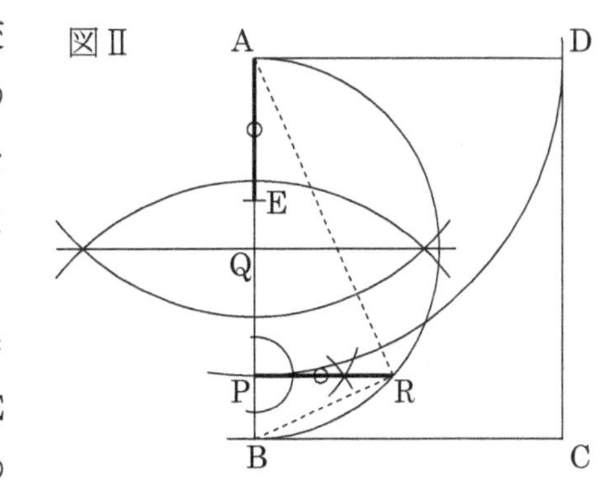

図Ⅱ

5 (相似，三平方の定理，面積)

(1)　正六角形の中心をPとすると，求める高さはOPの長さに等しい。線分ABの中点をMとすると，OM＝9　　△PABは1辺6の正三角形だから，PM＝$\frac{\sqrt{3}}{2}\times6=3\sqrt{3}$　　△OPMに三平方の定理を用いて，OP＝$\sqrt{9^2-(3\sqrt{3})^2}=3\sqrt{6}$

(2)　①　線分DEの中点をN，線分D´E´の中点をQとし，線分OPとMQとの交点をRとする。2組の角がそれぞれ等しいから，△MNQ∽△ONP　MN：ON＝NQ：NP　ここで，PN＝PM＝$3\sqrt{3}$，ON＝OM＝9だから，NQ＝$(3\sqrt{3}\times 2)\times\frac{3\sqrt{3}}{9}=6$　よって，頂点Oから水面までの高さOQは，9－6＝3

②　2組の角がそれぞれ等しいから，△ORQ∽△ONP　OR：ON＝OQ：OP　OR＝$\frac{9\times 3}{3\sqrt{6}}=\frac{3\sqrt{6}}{2}$　よって，OP：OR＝2：1

平面OCFで，OPとF´C´との交点がRであるから，FC：F´C´＝OP：OR＝2：1　したがって，F´C´＝$\frac{1}{2}$FC＝$\frac{1}{2}\times(6\times 2)=6$

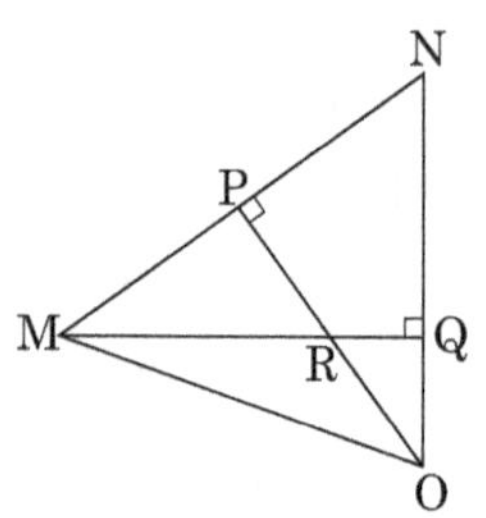

③　MQ＝$\sqrt{\mathrm{MN}^2-\mathrm{NQ}^2}=\sqrt{(6\sqrt{3})^2-6^2}=6\sqrt{2}$

RQ＝$\sqrt{\mathrm{OR}^2-\mathrm{OQ}^2}=\sqrt{\left(\frac{3\sqrt{6}}{2}\right)^2-3^2}=\frac{3\sqrt{2}}{2}$　よって，MR＝$6\sqrt{2}-\frac{3\sqrt{2}}{2}=\frac{9\sqrt{2}}{2}$　したがって，六角形ABC´D´E´F´の面積は，長方形ABC´F´の面積と台形C´D´E´F´の面積の和に等しい。ここで，DE：D´E´＝ON：OQ＝3：1　よって，D´E´＝$\frac{1}{3}$DE＝2

したがって，六角形ABC´D´E´F´の面積は，$6\times\frac{9\sqrt{2}}{2}+\frac{1}{2}\times(6+2)\times\frac{3\sqrt{2}}{2}=33\sqrt{2}$

1 (1)の解き方を考えてみよう。

$\frac{1}{n}-\frac{1}{n+1}=\frac{n+1}{n(n+1)}-\frac{n}{n(n+1)}=\frac{1}{n(n+1)}$を利用すると，$\frac{1}{1\times 2}+\frac{1}{2\times 3}+\frac{1}{3\times 4}+\frac{1}{4\times 5}+\frac{1}{5\times 6}+\frac{1}{6\times 7}+\frac{1}{7\times 8}+\frac{1}{8\times 9}=\frac{1}{1}-\frac{1}{2}+\frac{1}{2}-\frac{1}{3}+\frac{1}{3}-\frac{1}{4}+\frac{1}{4}-\frac{1}{5}+\frac{1}{5}-\frac{1}{6}+\frac{1}{6}-\frac{1}{7}+\frac{1}{7}-\frac{1}{8}+\frac{1}{8}-\frac{1}{9}=1-\frac{1}{9}=\frac{8}{9}$

計算を簡単にすることを考えてみよう。

難関校の入試問題では，複雑な計算が必要なものを見かけることがある。そのまま計算してもよいが，簡単にできるように工夫してみよう。

(例1)　$98\times 37=(100-2)\times 37=3700-74=3626$

(例2)　$28.5^2-26.5^2=(28.5+26.5)\times(28.5-26.5)=55\times 2=110$

(例3)　$\sqrt{65^2-39^2}=\sqrt{5^2\times 13^2-3^2\times 13^2}=\sqrt{13^2\times(5^2-3^2)}=\sqrt{13^2}\times\sqrt{4^2}=52$

(例4)　$\sqrt{25^2+\left(\frac{75}{7}\right)^2}=\sqrt{25^2+\frac{75^2}{7^2}}=\sqrt{\frac{25^2\times 7^2}{7^2}-\frac{25^2\times 3^2}{7^2}}=\sqrt{\frac{25^2}{7^2}}\times\sqrt{7^2-3^2}=\frac{25}{7}\times 2\sqrt{10}=\frac{50\sqrt{10}}{7}$

解　答

1 (1) (bの値) $2\sqrt{6}-4$　(式の値) $-\frac{3}{2}$　(2) $m=8$　$n=56$

(3) $n=40$　(4) $x=9$　$y=6$　$p=\frac{5}{8}$

2 (1) $a=2$　$b=1$　(2) ① (平均値) 2.43　(中央値) 2

② 差が1の隣り合う素数の一方は偶数である。偶数の素数は2以外にないから。

③ 5.96

3 (1) $a=\frac{1}{8}$　(2) 1：49

4 (1) $2\sqrt{6}$　(2) 75度　(3) $\frac{9\sqrt{3}}{2}$

5 (1) $20\sqrt{74}$ cm^2　(2) $\frac{625}{6}$ cm^3　(3) BS：ET＝1：3

配点　1 各4点×8　2 (2)② 5点　他 各4点×5　3・4 各5点×5
5 各6点×3　計100点

解　説

1 (式の計算，方程式，確率)

(1) $2\sqrt{6}=\sqrt{24}$　$\sqrt{16}<\sqrt{24}<\sqrt{25}$なので，$2\sqrt{6}$の整数部分$a$は4である。よって，$2\sqrt{6}=4+b$　$2\sqrt{6}$の小数部分bは$2\sqrt{6}-4$である。よって，$-2a-3b+2=-2\times4-3(2\sqrt{6}-4)+2=-8-6\sqrt{6}+12+2=6-6\sqrt{6}$　$2b+a=2(2\sqrt{6}-4)+4=4\sqrt{6}-4$　よって，$\frac{-2a-3b+2}{2b+a}=\frac{6-6\sqrt{6}}{4\sqrt{6}-4}=\frac{-6(\sqrt{6}-1)}{4(\sqrt{6}-1)}=-\frac{3}{2}$

(2) $\frac{1}{m}+\frac{1}{n}=\frac{1}{7}$　$\frac{1}{n}=\frac{1}{7}-\frac{1}{m}=\frac{m-7}{7m}$　両辺の逆数をとると，$n=\frac{7m}{m-7}$　nは自然数だから，$\frac{7m}{m-7}$も自然数である。よって，$m=8$　$n=7\times8=56$

(3) $n=16$のとき，$n+9=16+9=25=5^2$，$9n+1=9\times16+1=145$となり不適。$n=27$のとき，$n+9=27+9=36=6^2$，$9n+1=9\times27+1=244$となり不適。$n=40$のとき，$n+9=40+9=49=7^2$，$9n+1=9\times40+1=361=19^2$となり条件を満たす。よって，$n+9$と$9n+1$がある自然数の2乗となる正の整数$n$は，$n=40$

第1回 第2回 第3回 第4回 第5回 第6回 第7回 第8回 第9回 第10回 解答用紙 公式集

(4)　AさんとBさんの平均値が等しいことから，$\frac{2+x}{2}=\frac{1+7+8+y}{4}$　両辺を4倍して整理すると，$4+2x=16+y$　$y=2x-12$　$y>0$だから，$2x-12>0$　$x>6$　よって，$x=9$　$y=2\times9-12=6$　Aさんに2通りの出し方があり，そのそれぞれに対してBさんに4通りずつの出し方があるので，出し方の総数は$2\times4=8$(通り)　Aさんが勝つ場合の出し方は，(A，B)＝(2，1)，(9，1)，(9，6)，(9，7)，(9，8)の5通りがあるので，その確率は，$\frac{5}{8}$

2 (中央値，平均値，階級，素数)

(1)　度数の合計が25なので$a+5+6+4+4+2+1+b=25$　$a+b=3$　よって，$0<a\leqq3$である。中央値は高い方から13番目の人の得点である。$a=1$のときは13番目が含まれる階級は50以上60未満の階級に入っている。$a=2$，3のときは13番目が含まれる階級は60以上70未満の階級に入る。度数分布表から平均値を求めると，$(85a+75\times5+65\times6+55\times4+45\times4+35\times2+25\times1+15b)\div25=\frac{1260+85a+15b}{25}=\frac{252+17a+3b}{5}$　$(a,\ b)=(1,\ 2)$のときは55　$(a,\ b)=(2,\ 1)$のときは57.8　$(a,\ b)=(3,\ 0)$のときは60.6　よって，中央値が含まれる階級と平均値が含まれる階級が異なるときは，$a=2$，$b=1$

(2)　①　平均値は，$\frac{1\times1+2\times4+3\times0+4\times2}{7}=\frac{17}{7}=2.428\cdots$から，2.43　中央値は，隣り合う素数の差を小さい順に並べて4番目の値だから，2

②　差が1の隣り合う素数の一方は偶数である。偶数の素数は2以外にはないので，自然数xをどんなに大きくしても隣り合う素数の差が1の度数は1になる。

③　2から997までの差は，$997-2=995$　2から997までの素数と素数の間の数は，$168-1=167$　よって，求める隣り合う素数の差の平均値は，$995\div167=5.958\cdots$から，5.96

3 (二次関数，面積)

(1)　4点O，A，B，Cは関数$y=ax^2$のグラフ上の点なので，それぞれの座標はaを用いて，O(0，0)，A(－4，16a)，B(16，256a)，C(－12，144a)と表せる。よって，直線CAの傾きは，$\frac{16a-144a}{-4-(-12)}=-16a$，直線CBの傾きは，$\frac{256a-144a}{16-(-12)}=4a$と表せる。$\angle ACB=90°$のとき，直線CAと直線CBは垂直に交わるから，その傾きの積は－1である。したがって，$-16a\times4a=-1$　$a^2=\frac{1}{64}$　aは正の数なので，$a=\frac{1}{8}$

(2)　$a=\frac{1}{8}$だから，A(－4，2)，B(16，32)，C(－12，18)　直線OCは傾きが$\frac{18}{-12}=-\frac{3}{2}$，切片が0なので，直線OCの式は$y=-\frac{3}{2}x$　直線ABは傾きが$\frac{32-2}{16-(-4)}=\frac{3}{2}$だから，直線ABの式を$y=\frac{3}{2}x+b$とおいてA(－4，2)を代入すると，$b=8$　よって，直線ABの式は$y=\frac{3}{2}x+8$である。したがって，点Pのx座標は方程式$-\frac{3}{2}x=\frac{3}{2}x+8$の解として求められる

から，$x=-\frac{8}{3}$　同じ直線上の線分の比は，線分の両端のx座標の差の比として求められるので，AP：PB＝$\left\{-\frac{8}{3}-(-4)\right\}:\left\{16-\left(-\frac{8}{3}\right)\right\}=1:14$　OP：PC＝$\left\{0-\left(-\frac{8}{3}\right)\right\}:\left\{-\frac{8}{3}-(-12)\right\}=2:7$　高さが共通な三角形の面積の比は底辺の比に等しいので，△OPAの面積をSとすると，△OPB＝14S　△BPC：△OPB＝7：2だから，△BPC＝49S　したがって，△OPA：△BPC＝1：49

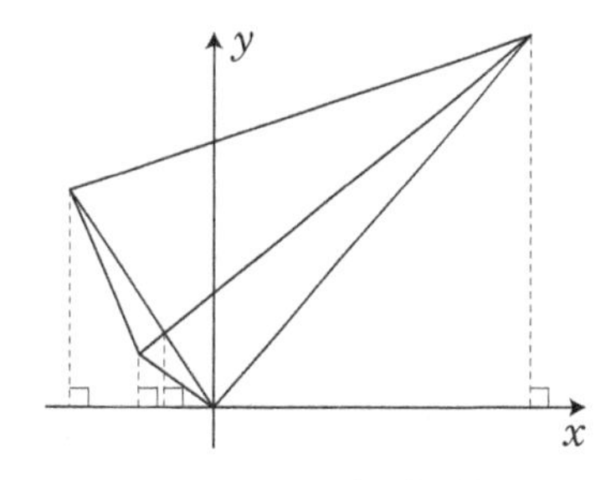

4 (長さ，角度，面積)

(1)　点CからABに垂線CHをひくと，∠BAC＝180°－∠ABC－∠ACB＝60°なので，∠ACH＝30°　△CAHは内角の大きさが30°，60°，90°の直角三角形なので，CA：AH：CH＝2：1：$\sqrt{3}$　よって，CH＝$4\times\frac{\sqrt{3}}{2}=2\sqrt{3}$　また，∠BCH＝45°となり，△HBCは直角二等辺三角形である。よって，BC：CH＝$\sqrt{2}$：1　BC＝$2\sqrt{3}\times\sqrt{2}=2\sqrt{6}$

(2)　線分PEをひくと，BPは円C_3の直径であり，直径に対する円周角は90°だから，∠PEB＝90°　つまり，∠PEC＝90°　また，線分PA，PDをひくと，PAは円C_2の直径であり，∠PDAは直径に対する円周角だから，∠PDA＝90°　線分PCをひくと，∠PEC＝∠PDC＝90°なので，4点P，E，C，DはPCを直径とする円の円周上にある。よって，線分DEをひけば，$\overset{\frown}{PD}$に対する円周角なので，∠PED＝∠PCD　ところで，$\overset{\frown}{BC}$に対する円周角なので，∠BPC＝∠BAC＝60°＝∠PBC　よって，△PBCは2角が60°なので正三角形であり，∠PCB＝60°　よって，∠PED＝∠PCD＝∠ACB－∠PCB＝15°　したがって，∠DEC＝∠PEC－∠PED＝75°

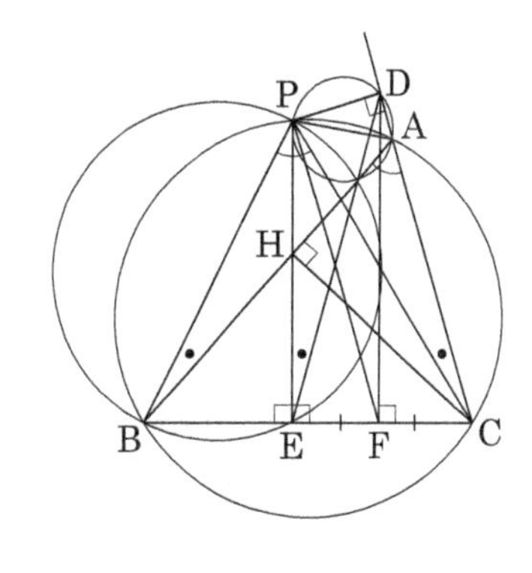

(3)　△PBCは正三角形で，PEは頂点Pから辺BCにひいた垂線なので，辺BCを二等分する。(1)よりBC＝$2\sqrt{6}$　よって，BE＝CE＝$\sqrt{6}$　∠DEC＝∠DCEなので，△DECは2角が等しいので二等辺三角形である。よって，点Dから辺ECに垂線DFをひくと，点FはECの中点であり，EF＝$\frac{\sqrt{6}}{2}$　四角形PBEDは△PBEと△DPEを合わせたものであり，DF//PEなので，△DPEと△FPEはPEを底辺とみたときの高さが等しく，面積が等しい。よって，四角形PBEDの面積は，△PBE＋△DPE＝△PBE＋△FPE＝△PBF　BF＝$\sqrt{6}+\frac{\sqrt{6}}{2}=\frac{3\sqrt{6}}{2}$　PEは1辺が$2\sqrt{6}$の正三角形の高さだから，PE＝$2\sqrt{6}\times\frac{\sqrt{3}}{2}=3\sqrt{2}$　したがって，四角形PBEDの面積は，$\frac{1}{2}\times\frac{3\sqrt{6}}{2}\times3\sqrt{2}=\frac{9\sqrt{3}}{2}$

5 （面積，相似，体積比）

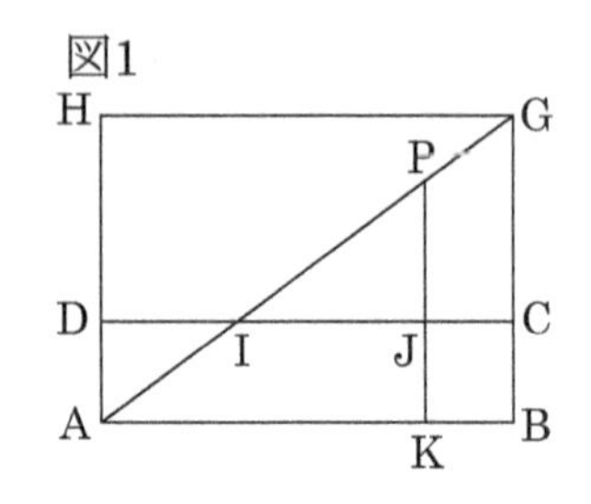

(1)　図1は直方体の展開図の一部である。AB＝20，BG＝BC＋CG＝15なので，AG＝$\sqrt{20^2+15^2}$＝$\sqrt{625}$＝25　点PからDC，ABに垂線をひき，それぞれとの交点をJ，Kとする。動き始めてからQが初めてBにきたとき，AP＝AB＝20　PK：GB＝AP：AG＝20：25＝4：5　よって，PK＝12　PJ＝12－5＝7　次の図2の△PKJで三平方の定理を用いると，PK＝$\sqrt{5^2+7^2}$＝$\sqrt{74}$　20秒後にはRはAに戻っているので，3点P，Q，Rを通る平面は，線分ABとPを通る平面，つまり，図2の長方形ABLMである。底辺をAB，高さをPKとして面積が求められるので，20×$\sqrt{74}$＝20$\sqrt{74}$(cm^2)

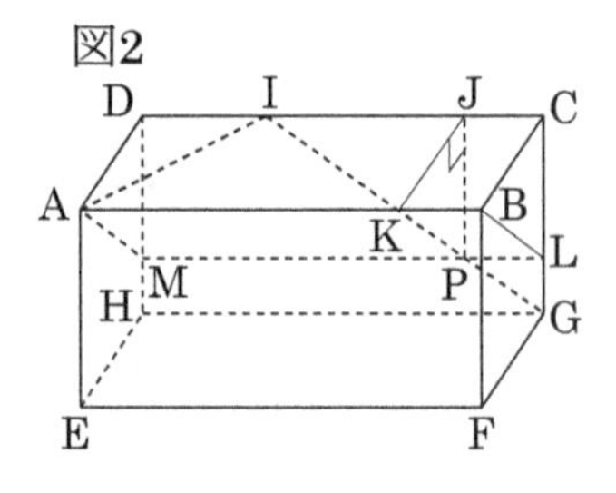

(2)　図1で，点Iは線分AGと線分DCの交点である。AI：GI＝DI：CI＝AD：GC＝1：2なので，AI＝$\frac{25}{3}$，DI＝$\frac{20}{3}$　Pが辺DC上にきたとき，PはIと一致する。切断面とDHとの交点をNとすると，平行な平面に他の平面が交わってできる交わりの直線は平行だから，PN//QR　よって，△DPN∽△AQR　AP＜10なので，AR＝AQ＝AP＝$\frac{25}{3}$　よって，△AQRは直角二等辺三角形であり，△DPNも直角二等辺三角形となる。よって，DN＝DP＝$\frac{20}{3}$　面DPNと面AQRは平行であり，△DPN∽△AQRなので，図3のように，直線AD，QP，RNは1点で交わり，その点をOとすると，立体DPN－AQRは，三角すいO－AQRから三角すいO－DPNを切り取ったものになる。OD＝xとすると，OD：OA＝DP：AQ＝$\frac{20}{3}$：$\frac{25}{3}$＝4：5　x：$(x+5)$＝4：5　x＝20　したがって，三角すいO－AQRの体積は，$\frac{1}{3}\times\left(\frac{1}{2}\times\frac{25}{3}\times\frac{25}{3}\right)\times25$　ところで，三角すいO－DPNと三角すいO－AQRは相似であり，相似比が4：5だから，体積の比は$4^3：5^3$＝64：125　よって，立体DPN－AQRの体積は三角すいO－AQRの体積の$\frac{125-64}{125}=\frac{61}{125}$　よって，$\frac{1}{3}\times\left(\frac{1}{2}\times\frac{25}{3}\times\frac{25}{3}\right)\times25\times\frac{61}{125}=\frac{125\times61}{54}=\frac{7625}{54}$　四角すいA－PQRNは立体DPN－AQRから三角すいA－PDNを除いたものだから，$\frac{7625}{54}-\frac{1}{3}\times\left(\frac{1}{2}\times\frac{20}{3}\times\frac{20}{3}\right)\times5=\frac{7625}{54}-\frac{2000}{54}=\frac{5625}{54}=\frac{625}{6}$(cm^3)

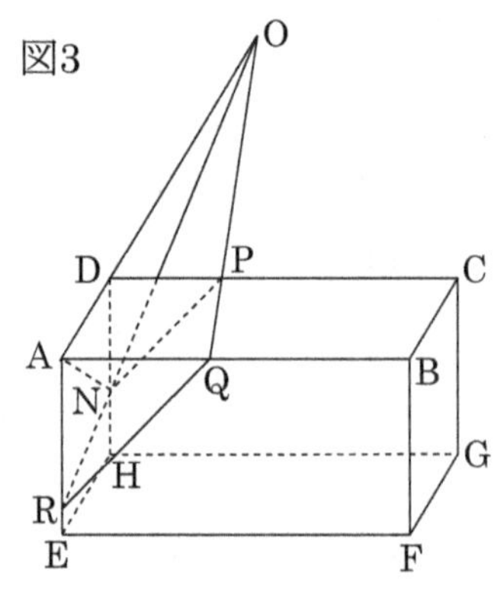

(3)　図4のように，直線FEと直線GTの交点をU，点Tを通りEFに平行な直線とFGの交点をVとする。面PSQRTが平行な平面AEHD

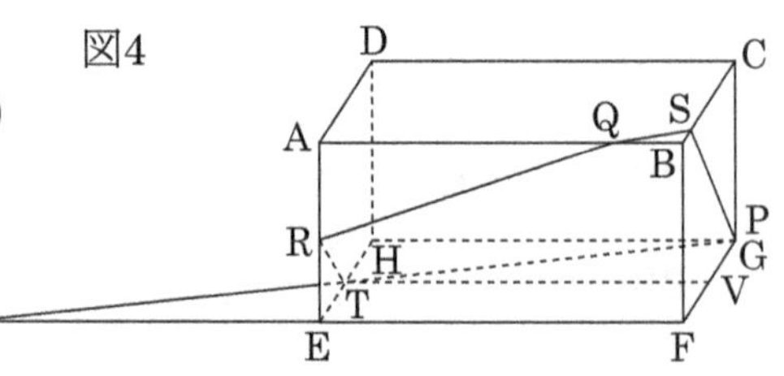

と平面BFGCに交わっているのだから，RT//SG　よって，△RET∽△GCS　RE：GC＝ET：CS　BS＝xとすると，CS＝$5-x$　PがGにきたときまでに25秒かかっているから，RはAEを1往復半している。よって，RE＝5　ET＝yとすると，$5:10=y:(5-x)$　$2y=5-x$…①　同様に面PSQRTが平行な平面と交わることから，QS//UG　△BQS∽△FUG　TV//UFなので，△GTV∽△GUF　よって，△BQS∽△VTGとなるので，BQ：VT＝BS：VG　QはBから5cm戻っているので，$5:20=x:(5-y)$　$4x=5-y$　$y=5-4x$…②　②を①に代入して，$10-8x=5-x$　$x=\frac{5}{7}$　これを②に代入して，$y=5-\frac{20}{7}=\frac{15}{7}$　よって，BS：ET＝$\frac{5}{7}:\frac{15}{7}=1:3$

三平方の定理について考えてみよう。

直角三角形では三平方の定理を用いることができる。また，特別な形の直角三角形では，辺の比を利用することもできる。

・内角の大きさが30°，60°，90°の直角三角形では3辺の比が$2:1:\sqrt{3}$である。
　この形の直角三角形は，斜辺を1辺とする正三角形を頂角の二等分線で二等分した形である。

・内角の大きさが45°，45°，90°の直角二等辺三角形では3辺の比が$1:1:\sqrt{2}$である。
　この形の直角三角形は，斜辺を1辺とする正方形を対角線で二等分した形である。

難関校の入試問題では，内角の大きさが15°，75°，90°の直角三角形が用いられることもある。内角の大きさが15°，75°，90°の直角三角形の辺の比について研究してみよう。

∠BAC＝15°，∠ABC＝75°の直角三角形ABCにおいて，∠ABD＝15°となる点DをAC上にとると，∠DBC＝60°　△DBCは内角の大きさが30°，60°，90°の直角三角形となるので，BD：BC：DC＝$2:1:\sqrt{3}$　また，∠DBA＝∠DAB＝15°であり，AD＝BD　したがって，BC＝1とすると，AC＝$2+\sqrt{3}$　また，∠EBC＝45°となる点EをBC上にとると，∠DBE＝∠DBA＝15°となるので，BDは∠ABEの二等分線である。三角形の内角の二等分線は，その角と向かい合う辺を，その角を作る2辺の比に分けるので，BA：BE＝AD：DE　△CBEは内角の大きさが45°，45°，90°の直角二等辺三角形だから，EC＝BC＝1，BE＝$\sqrt{2}$　DE＝$\sqrt{3}-1$　よって，BA：$\sqrt{2}=2:(\sqrt{3}-1)$

$$BA=2\sqrt{2}\div(\sqrt{3}-1)=\frac{2\sqrt{2}(\sqrt{3}+1)}{(\sqrt{3}-1)(\sqrt{3}+1)}=\frac{2\sqrt{2}(\sqrt{3}+1)}{2}=\sqrt{2}(\sqrt{3}+1)=\sqrt{6}+\sqrt{2}$$

したがって，内角の大きさが15°，75°，90°の直角三角形の3辺の比は，$(\sqrt{6}+\sqrt{2}):(2+\sqrt{3}):1$

【別の考え方】 AC＝$2+\sqrt{3}$，BC＝1　△ABCに三平方の定理を用いると，$AB^2=(2+\sqrt{3})^2+1^2=8+4\sqrt{3}=8+2\sqrt{12}=6+2\sqrt{6}\times\sqrt{2}+2=(\sqrt{6})^2+2\sqrt{6}\times\sqrt{2}+(\sqrt{2})^2=(\sqrt{6}+\sqrt{2})^2$　よって，AB＝$\sqrt{6}+\sqrt{2}$

70 第10回 解答・解説

解 答

1 (1) 2通り (2) 15通り (3) 81通り

2 (1) $a=50,\ 56,\ 70$

(2) $c=250,\ 280,\ 350,\ 392,\ 400,\ 448,\ 450,\ 490,\ 504,\ 560,\ 630$

3 (1) $y=ax-3a+27$ (2) $\frac{1}{2}a^2-\frac{27}{2}a+81$ (3) $\frac{9}{2}a$

4 (1) 5 (2) $\frac{5\sqrt{10}}{3}$ (3) $\frac{5}{4}$

5 (1) 7 (2) $16+8\sqrt{5}$ cm^3 (3) $3+\sqrt{5}$ cm

6 (1) 8 (2) $6\sqrt{2}$ (3) $\frac{40\sqrt{2}}{3}$

配点 1～3 各5点×8 4 各6点×3 5・6 各7点×6 計100点

解 説

1 (場合の数)

(1) 表を○，裏を×で表す。ちょうど5回で終了するためには2回目から5回目が○×××であればいいから，○○×××，×○×××の2通り。

(2) ちょうど3回で終了するのは×××の1通り，ちょうど4回で終了するのは○×××の1通り，ちょうど5回で終了するのは(1)で求めた2通り，ちょうど6回で終了するのは3回目から6回目が○×××で，1回目と2回目の出方が$2\times2=4$なので4通り，ちょうど7回で終了するのは4回目から7回目が○×××で，1回目，2回目，3回目のすべての出方$2\times2\times2=8$から×××の場合を除いた7通り。したがって，7回以下で終了するのは，$1+1+2+4+7=15$(通り)

(3) ちょうど11回で終了するのは，7回目までに終了せずに8回目から11回目が○×××となるときであるから，7回目までに終了しない場合の数を考えればよい。3回目までの出方の総数は$2\times2\times2=8$　このうち3回で終了するのが1通りだから，3回で終了しないのは7通り。4回目までの出方の総数は3回目までに終了せずに，4回目の出方が2通りあるので，$7\times2=14$　このうちちょうど4回で終了するのが1通りだから，4回で終了しないのは13通り。5回目までの出方の総数は4回目までに終了せずに，5回目の出方が2通りあるので，$13\times2=26$　このうちちょうど5回で終了するのが2通りだから，5回で終了しないのは24通り。6

回目までの出方の総数は5回目までに終了せずに，6回目の出方が2通りあるので，$24\times2=48$　このうちちょうど6回で終了するのが4通りだから，6回で終了しないのは44通り。7回目までの出方の総数は6回目までに終了せずに，7回目の出方が2通りあるので，$44\times2=88$　このうちちょうど7回で終了するのが7通りだから，7回で終了しないのは81通り。

2 （単価・個数・支払金額の関係）

(1)　おまけを除いた購入個数をx個とすると，おまけを含めて30個手に入れるのだから，xは30以下の1400の約数である。$x=28$のとき，$a=50$　このときはおまけで2個手に入れるから，bは10以上14以下である。$x=25$のとき，$a=56$　このときのbは5　$x=20$のとき，$a=70$　このときのbは2　$x\leqq14$のときはおまけを含めて30個となることはない。よって，考えられるaの値は，50，56，70

(2)　単価がa円のとき，9個買うと支払い金額が$9a$円。$5\leqq b\leqq9$であれば，おまけが1個ついて合計10個を手に入れることができる。8個買うと支払い金額が$8a$円。$3\leqq b\leqq4$であれば，おまけが2個ついて合計10個を手に入れることができる。7個買うと支払い金額が$7a$円。$b=2$であれば，おまけが3個ついて合計10個を手に入れることができる。6個買うときにはおまけがちょうど4個となるようなbの値はない。5個買うと支払い金額が$5a$円。$b=1$であれば，おまけが5個ついて合計10個を手に入れることができる。$a=50$，56，70のときのcの値は，250，280，350，392，400，448，450，490，504，560，630

3 （直線の式，長さ，面積）

(1)　点Aのy座標は$3\times(-3)^2=27$　放物線はy軸について対称だから，B(3，27)　直線BCの式を$y=ax+b$として(3，27)を代入すると，$27=3a+b$　$b=27-3a$　よって，直線BCの式は，$y=ax-3a+27$

(2)　直線BCとy軸との交点をDとすると，D(0，$27-3a$)　点Cは放物線$y=3x^2$と直線$y=ax-3a+27$の交点なので，そのx座標は方程式$3x^2=ax-3a+27$の解として求められる。$3x^2-27-ax+3a=0$　$3(x^2-9)-a(x-3)=0$　$3(x+3)(x-3)-a(x-3)=0$　$(x-3)(3x+9-a)=0$　$x=3$ではない方だから，$x=\frac{a-9}{3}$　点Cのx座標は負の数なので，点Cからy軸までの距離は，$-\frac{a-9}{3}=\frac{9-a}{3}$　△BOC＝△BOD＋△CODだから，ODを共通の底辺とすると，$\triangle BOC=\frac{1}{2}\times(-3a+27)\times3+\frac{1}{2}\times(-3a+27)\times\frac{9-a}{3}=\frac{1}{2}\times(-3a+27)\times\left(3+\frac{9-a}{3}\right)=\frac{1}{2}(-a+9)(18-a)=\frac{1}{2}a^2-\frac{27}{2}a+81$

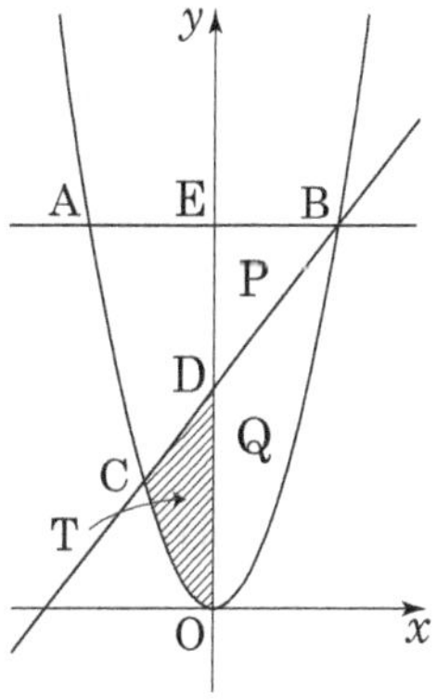

(3)　右の図のP＋Q(放物線OBと直線ABとy軸とによって囲まれる部分)の面積は，放物線$y=3x^2$と直線ABとによって囲まれる部分の面

積の$\frac{1}{2}$である。T＋Qも放物線$y=3x^2$と直線ABとによって囲まれる部分の面積の$\frac{1}{2}$だから，斜線部Tの面積はPの面積に等しい。ABとy軸との交点をEとするとき，BE＝3，DE＝27－(27－3a)＝3a　よって，Tの面積は$\frac{1}{2}\times 3\times 3a=\frac{9}{2}a$

4 （三平方の定理，相似，面積）

(1) 半径COをひくと，△ABO≡△ACO　よって，ADは二等辺三角形の頂角の二等分線だから，底辺BCを垂直に二等分する。ADとBCの交点をGとすると，BG＝CG＝3　△ABGに三平方の定理を用いると，$AG=\sqrt{AB^2-BG^2}=\sqrt{90-9}=9$　OA＝OB＝xとすると，OG＝$9-x$　△OBGに三平方の定理を用いて，$(9-x)^2+3^2=x^2$　$81-18x+x^2+9=x^2$　$18x=90$　$x=90\div18=5$　よって，OB＝5

(2) ∠BAG＝∠CAG＝aとすると，$\overset{\frown}{BD}$，$\overset{\frown}{CD}$に対する円周角だから，∠BCD＝∠CBD＝a　∠BODは△AOBの外角であり，∠EDBは△BDCの外角だから，∠BOD＝2a，∠EDB＝2a　△DEBと△OEDは2角がそれぞれ等しいので相似であり，DE：OE＝DB：OD　ところで，BG＝3，GD＝5－4＝1　△DBGに三平方の定理を用いると，$DB=\sqrt{9+1}=\sqrt{10}$　DE＝x，BE＝yとすると，$x:(5+y)=\sqrt{10}:5$　$5x=\sqrt{10}y+5\sqrt{10}$…①　また，EB：ED＝DB：ODなので，$y:x=\sqrt{10}:5$　$\sqrt{10}x=5y$…②　①×5から，$25x=5\sqrt{10}y+25\sqrt{10}$…③　②×$\sqrt{10}$から，$10x=5\sqrt{10}y$…④　③－④から，$15x=25\sqrt{10}$　$DE=x=\frac{25\sqrt{10}}{15}=\frac{5\sqrt{10}}{3}$

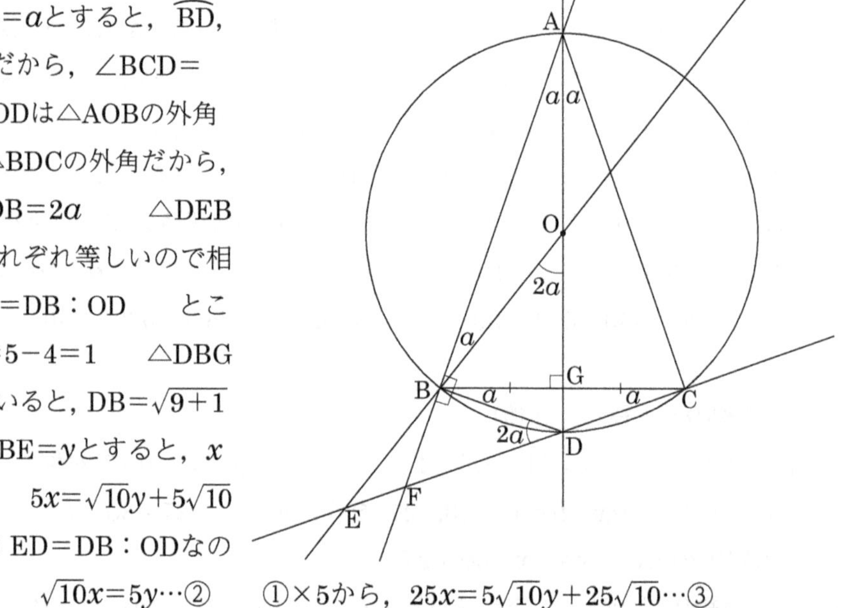

(3) ADは直径であり，直径に対する円周角は90°なので，∠ABD＝90°　よって，∠DBF＝90°　△DFBと△OBGにおいて，∠DBF＝∠OGB＝90°　∠FDB＝∠BOG＝2a　2組の角がそれぞれ等しいので，△DFB∽△OBG　よって，DF：OB＝DB：OG　$DF:5=\sqrt{10}:4$　$DF=\frac{5\sqrt{10}}{4}$　また，BF：GB＝DB：OG　$BF:3=\sqrt{10}:4$　$BF=\frac{3\sqrt{10}}{4}$　よって，△BFDの面積は，$\frac{1}{2}\times\sqrt{10}\times\frac{3\sqrt{10}}{4}=\frac{15}{4}$…①　$EF=DE-DF=\frac{5\sqrt{10}}{3}-\frac{5\sqrt{10}}{4}=\frac{5\sqrt{10}}{12}$　よって，$EF:DF=\frac{5\sqrt{10}}{12}:\frac{5\sqrt{10}}{4}=1:3$　△BEFと△BDFはEF，DFをそれぞれの底辺とみたときの高さが等しいから，△BEF：△BDF＝EF：DF＝1：3…②　①，②から，△BEFの面積は，$\frac{15}{4}\times\frac{1}{3}=\frac{5}{4}$

5 (多面体の切断，線分の数，体積，長さ)

(1) 面ABCDEにおいて，AB//EC，面ABHGFにおいて，AB//FH　また，面ABCDEと面PQRSTは平行なので，AB//ST，AB//PR　面STMLKにおいて，ST//KM　よって，正十二面体の面上にできる線分としては，EC，FH，ST，PR，KMの5つがABに平行である。また，この正十二面体は面DGQLについて対称なので，NJ//AB，OI//ABとなる。よって，NJ，OIの2つもABに平行になるので，7つ作れる。

(2) EC//FHなので，4点E，F，H，Cは同一平面上にあるので，図形EFHCは四角形である。EC＝CH＝HF＝FEなので四角形EFHCはひし形であり，EH＝FCなので四角形EFHCは長方形である。つまり，四角形EFHCは正方形である。同様に，四角形MPRK，EMKC，FPRH，EFPM，CHRKも正方形なので，立体EFHC－MPRKは立方体となり，その1辺の長さは，1辺の長さが2cmの正五角形の対角線の長さである。面AFGHBにおいて，対角線AG，AH，GBをひき，AHとGBとの交点をUとすると，正五角形の内角の和が540°，1つの内角の大きさが108°，二等辺三角形FAG，BAH，HBGの底角は36°であるから，∠GAH＝∠HGU　また，∠AHG＝∠GHUなので，△AGH∽△GHU　よって，AG：GH＝GH：HU　∠AGH＝72°，∠AGU＝36°から△UAGは二等辺三角形であり，AU＝GU＝GH＝2　よって，AG＝AH＝xとすると，$x:2=2:(x-2)$　$x^2-2x=4$　$x^2-2x+1=4+1$　$(x-1)^2=5$　$x>0$なので，$x-1=\sqrt{5}$　$x=1+\sqrt{5}$

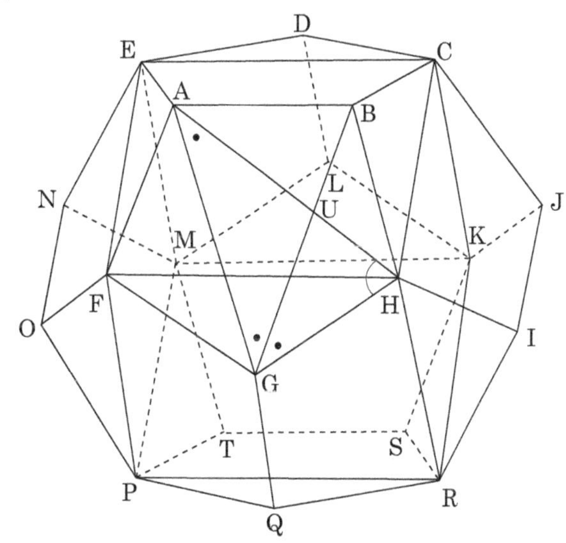

よって，立方体EFHC－MPRKの体積は，$(1+\sqrt{5})^3=(1+\sqrt{5})(1+\sqrt{5})^2=(1+\sqrt{5})(6+2\sqrt{5})=16+8\sqrt{5}$ (cm³)

(3) FJ，GIは面ABCDEに平行なので，FJ，GIは同一平面上にあり，図形FGIJは四角形となる。また，FJ//AC//GI，FG＝JIなので，四角形EGIJは等脚台形である。(2)で，四角形EFHCが正方形であることがいえたが，同様にして確かめると，図形BGRJ，

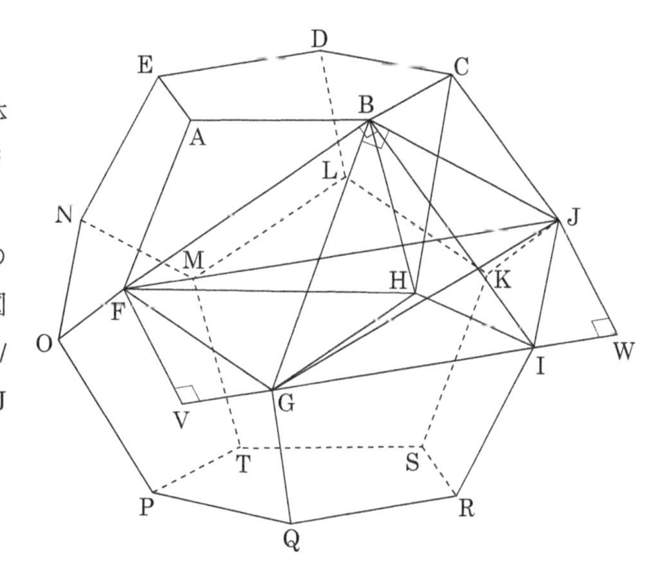

BFQIは正方形であるといえる。よって，△BGJ，△BFIは直角二等辺三角形であり，GJ ＝FI＝$\sqrt{2}(1+\sqrt{5})=\sqrt{2}+\sqrt{10}$　点F，Jから直線GIに垂線FV，JWをひくと△FVG≡△JWIとなる。GV＝IW＝xとして，△FVG，△FVIに三平方の定理を用いてFV^2を表すと，$FG^2-VG^2=FI^2-VI^2$　$4-x^2=(\sqrt{2}+\sqrt{10})^2-(x+1+\sqrt{5})^2$　$4-x^2=(12+4\sqrt{5})-(x^2+1+5+2x+2\sqrt{5}x+2\sqrt{5})$　$4-x^2=12+4\sqrt{5}-x^2-6-2x-2\sqrt{5}x-2\sqrt{5}$　$2x+2\sqrt{5}x=2+2\sqrt{5}$　$(2+2\sqrt{5})x=2+2\sqrt{5}$　$x=1$　FJ＝VWなので，FJ＝$1+1+\sqrt{5}+1=3+\sqrt{5}$(cm)

6 （展開図，面積，体積）

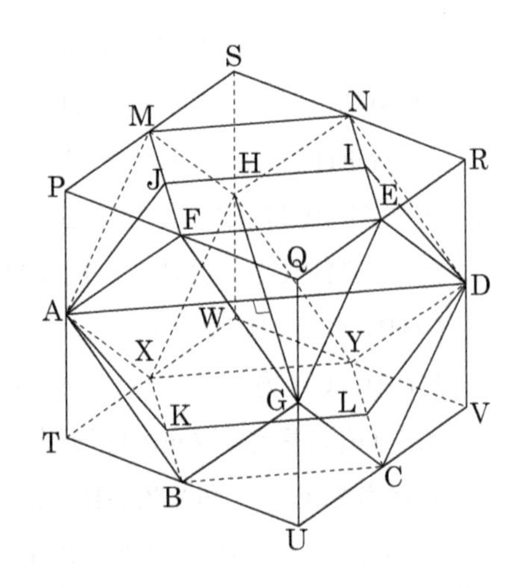

(1)　展開図を組み立てた立体は，合同な正方形6個とそれらの正方形と辺の長さが等しい8個の合同な正三角形を面とする十四面体である。また，どの頂点にも，2個の正方形と2個の正三角形が集まっている。このような十四面体は，右図で示すように，立方体の8つの頂点から正三角すいを除いて作ることができる。もとの立方体をPQRSTUVWとすると，右図で△UBCは直角二等辺三角形であり，斜辺BCの長さが2だから，BU＝CU＝$\frac{2}{\sqrt{2}}=\sqrt{2}$　切り取った正三角すいがすべて合同だから，TU＝UV＝VW＝WT＝$2\sqrt{2}$　よって，正方形AGDHの1辺の長さは$2\sqrt{2}$となるから，その面積は，$(2\sqrt{2})^2=8$

(2)　この立体は，面PTVRについても，面QSWUについても対称な図形である。よって，正方形の辺の中点のうちの4カ所を図で示すようにI，J，K，Lとすると，2点A，Dを通り，線分GHに垂直な平面で切ったときの切り口は六角形AKLDIJとなる。六角形AKLDIJは合同な2つの台形ADIJと台形AKLDを合わせた大きさになる。PT＝$2\sqrt{2}$なので，台形ADIJは，JI＝2　AD＝PR＝$\sqrt{2}$PQ＝4　JIとADの距離は$\frac{1}{2}$PT＝$\sqrt{2}$　したがって，切り口の面積は，$\frac{1}{2}\times(2+4)\times\sqrt{2}\times2=6\sqrt{2}$

(3)　図のように，PS，RS，TW，VWの中点をそれぞれM，N，X，Yとすると，この立体の体積は，直方体FENM－BCYXの体積と，合同な4つの四角すいA－BFMX，G－BCEF，D－CENY，H－MXYNの体積の和として求められる。BF＝PT＝$2\sqrt{2}$　四角すいの頂点から底面までの距離は，$(4-2)\div2=1$だから，$2\times2\times2\sqrt{2}+\frac{1}{3}\times(2\times2\sqrt{2})\times1\times4=8\sqrt{2}+\frac{16\sqrt{2}}{3}=\frac{40\sqrt{2}}{3}$

解答用紙

1

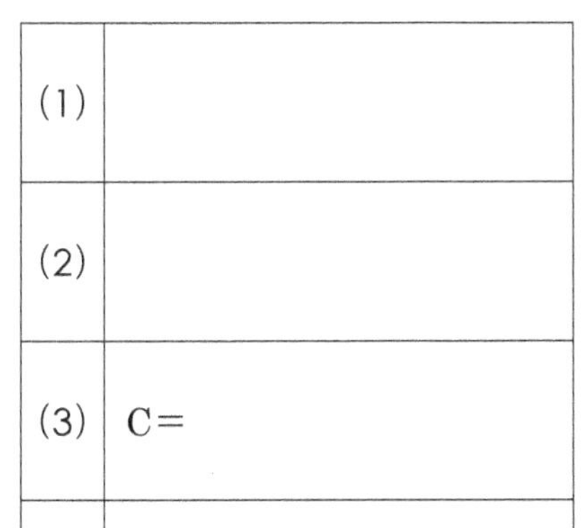

(1)	
(2)	
(3)	C=
(4)	組

2

(1)	$x=$	
	$y=$	
(2)	$x=$	
	$y=$	

3

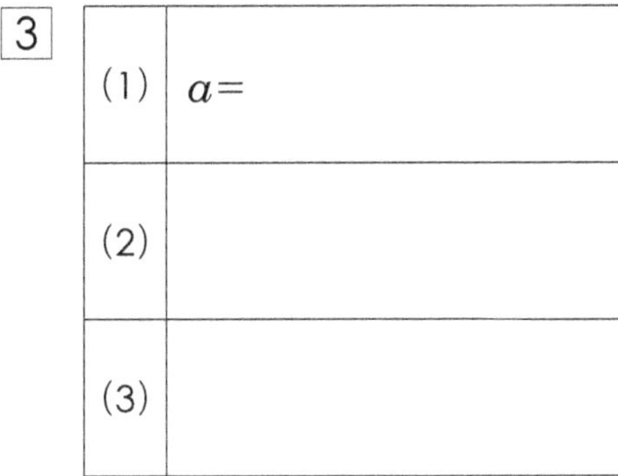

(1)	$a=$
(2)	
(3)	

4

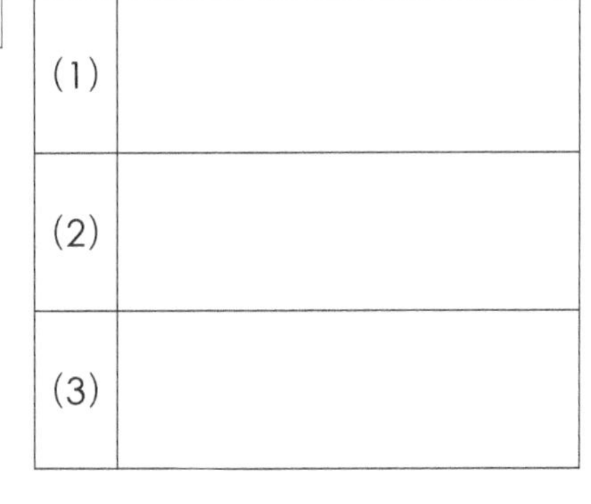

(1)	
(2)	
(3)	

5

(1)	
(2)	
(3)	

1	2	3	4	5	
/16	/18	/21	/21	/24	/100

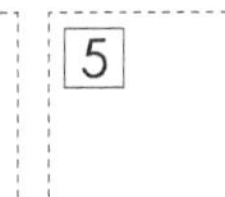

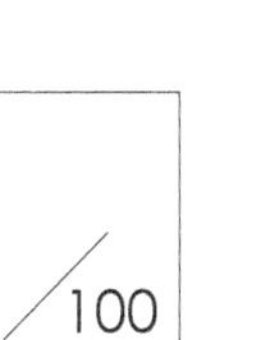

70 第2回 解答用紙

1

(1)		
(2)		
(3)	$a=$	
	$b=$	
(4)	$x=$	
	$y=$	

2

(1)	
(2)	

3

(1)	
(2)	
(3)	
(4)	
(5)	$a=$

4

(1)	
(2)	
(3)	

5

(1)	(名称)
	(体積)
(2)	S=
	V=

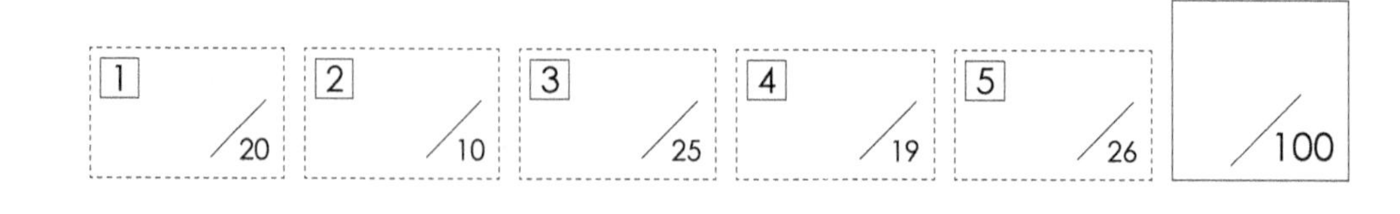

解答用紙

1

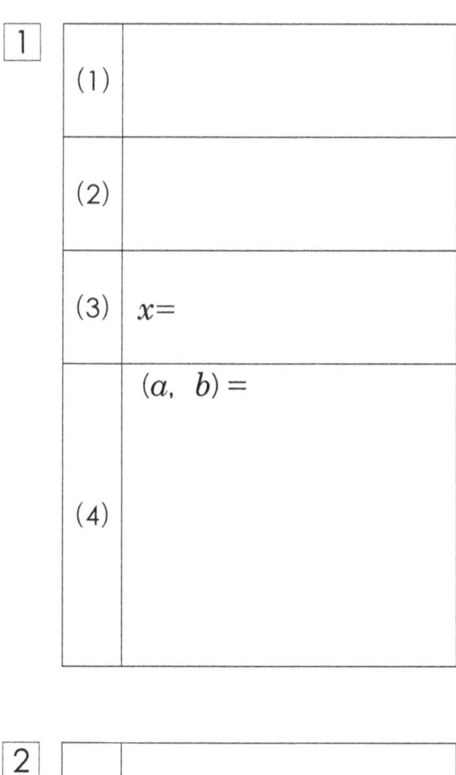

(1)	
(2)	
(3)	$x=$
(4)	$(a,\ b)=$

2

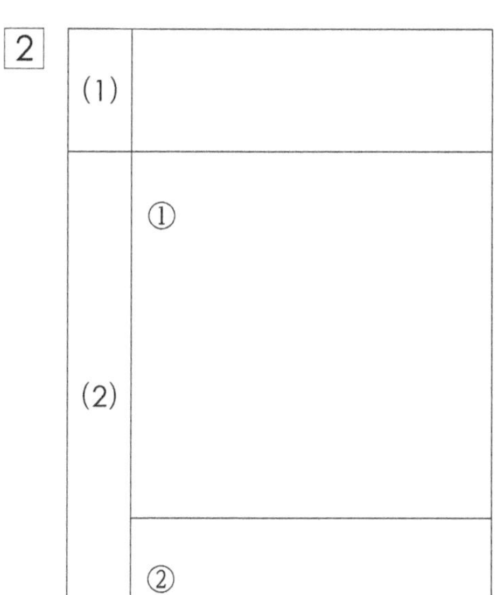

(1)	
(2)	①
	②

3

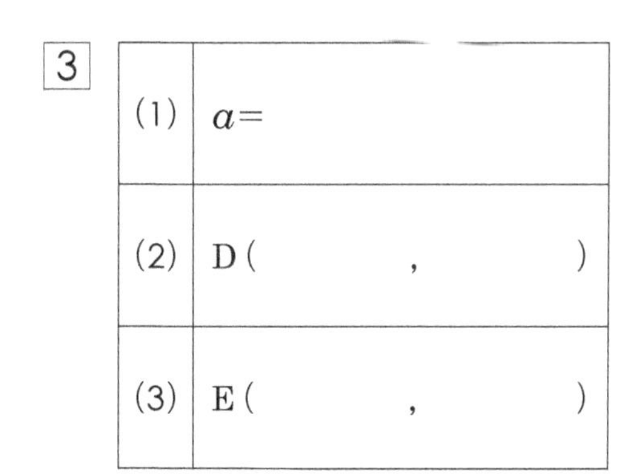

(1)	$a=$
(2)	D（　　,　　）
(3)	E（　　,　　）

4

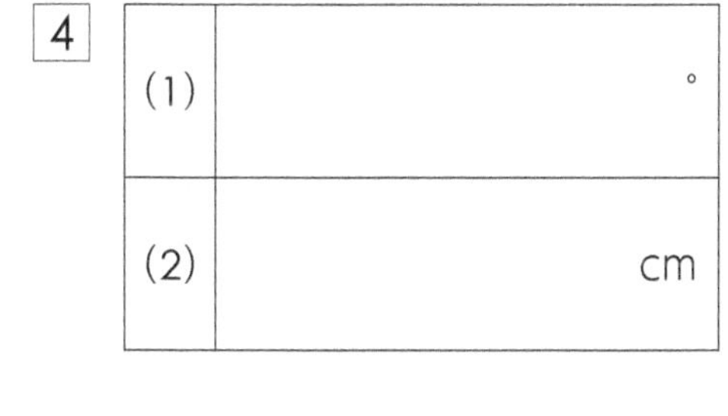

(1)	°
(2)	cm

5

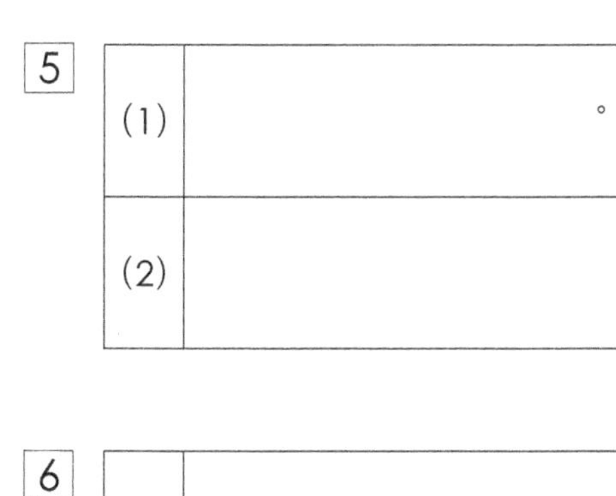

(1)	°
(2)	

6

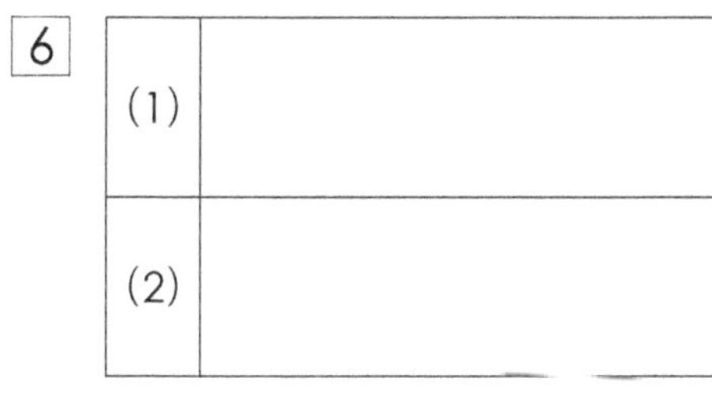

(1)	
(2)	

1	2	3	4	5	6	合計
/21	/16	/15	/16	/16	/16	/100

第4回 解答用紙

1

(1)	
(2)	
(3)	
(4)	$x=$

2

(1)	通り
(2)	通り

3

(1)	
(2)	：
(3)	

4

(1)	
(2)	
(3)	
(4)	

5

(1)	cm
(2)	cm^2
(3)	倍

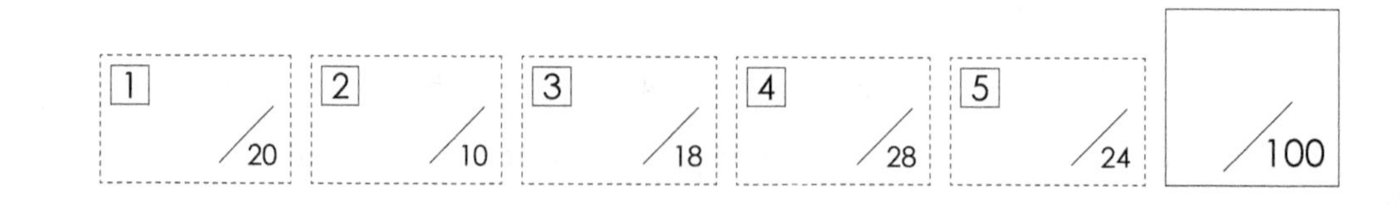

第5回 解答用紙

1

(1)	
(2)	
(3)	
(4)	

4

(1)	A(,)
(2)	AB＝
(3)	C(,)
(4)	P(,)

2

(1)	cm^2
(2)	

5

(1)	
(2)	

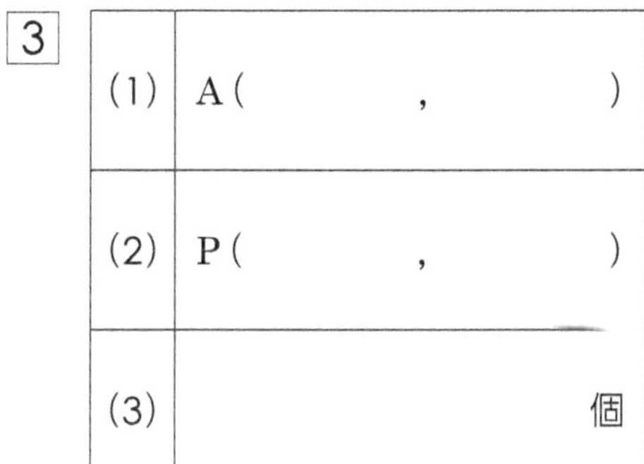

3

(1)	A(,)
(2)	P(,)
(3)	個

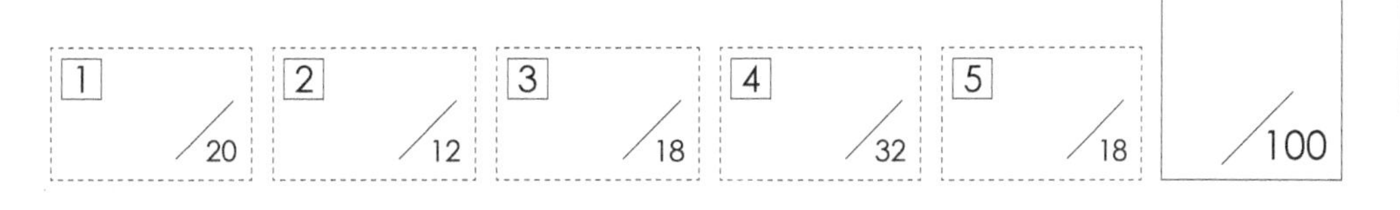

1	2	3	4	5	
／20	／12	／18	／32	／18	／100

 解答用紙

1

(1)	
(2)	$x=$
	$y=$
	$z=$
(3)	
(4)	

2

(1)	通り
(2)	通り

3

(1)	R(,)
(2)	
(3)	
(4)	

4

(1)	
(2)	:
(3)	

5

(1)	
(2)	
(3)	

1	2	3	4	5	
/20	/12	/24	/21	/23	/100

70　第7回　解答用紙

1

(1)	
(2)	$x=$
	$y=$
(3)	$(x,\ y)=$
(4)	① 最も小さい数
	最も大きい数
	②

2

(1)	日目
(2)	回
(3)	日目

3

(1)	$a=$
(2)	① OC$=$
	② $r=$
(3)	x座標
	y座標

4

(1)	
(2)	
(3)	

5

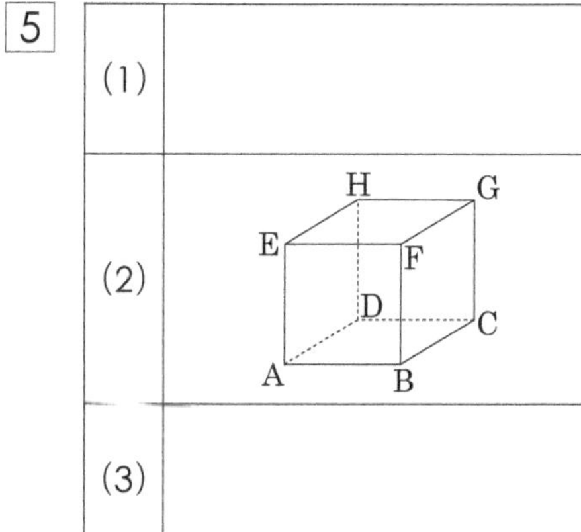

(1)	
(2)	
(3)	

1	2	3	4	5	
/26	/15	/25	/15	/19	/100

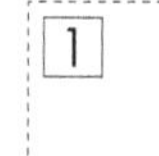
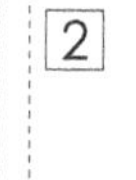
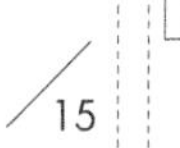
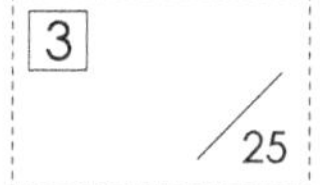
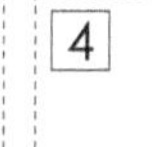
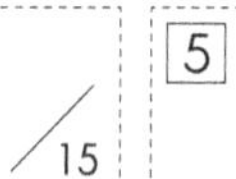

第8回 解答用紙

1

(1)	
(2)	
(3)	①
	②
(4)	通り

2

(1)	
(2)	

3

(1)	
(2)	
(3)	※次ページにあります。

4

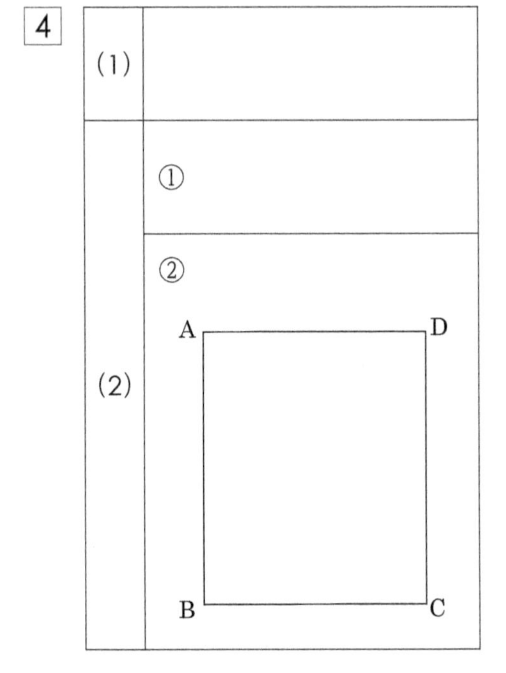

5

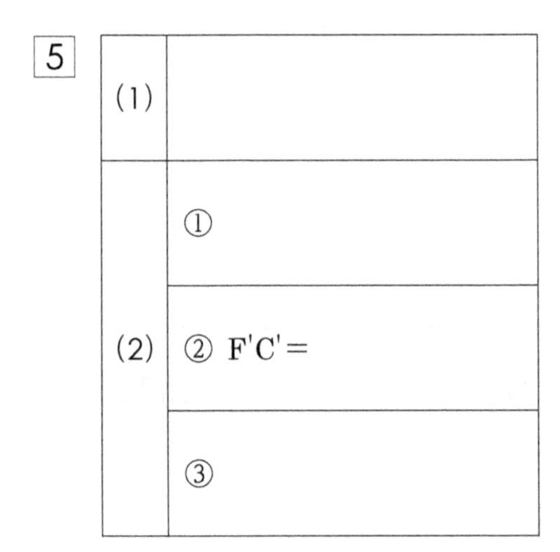

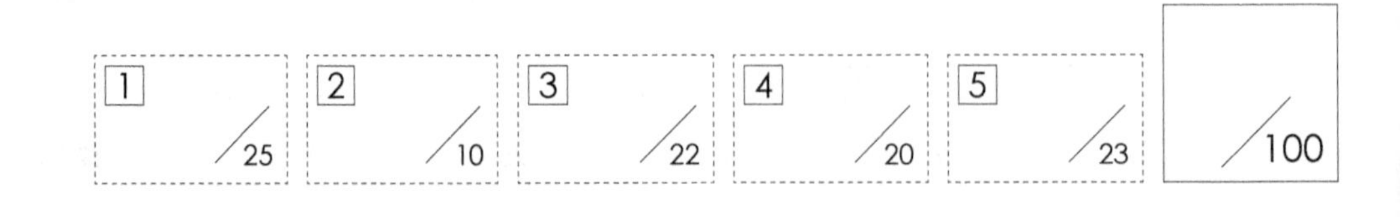

3

第9回 解答用紙

1

(1)	(bの値)	
	(式の値)	
(2)	$m=$	
	$n=$	
(3)	$n=$	
(4)	$x=$	
	$y=$	
	$p=$	

2

(1)	$a=$	
	$b=$	
(2)	①	平均値
		中央値
	②	
	③	

3

(1)	$a=$
(2)	:

4

(1)	
(2)	度
(3)	

5

(1)	cm^2
(2)	cm^3
(3)	:

1	2	3	4	5	
/32	/25	/10	/15	/18	/100

解答用紙

1

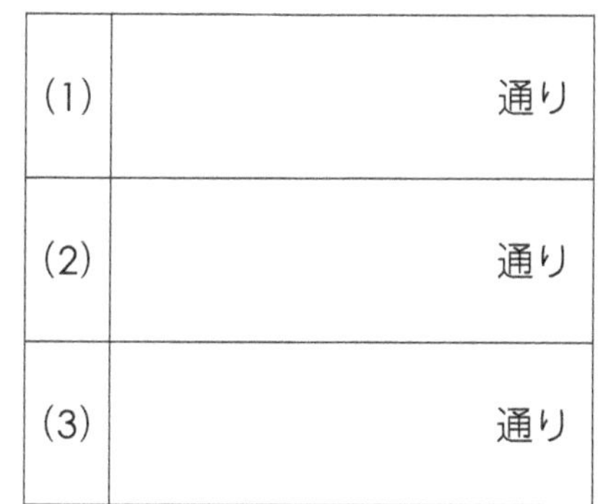

(1)	通り
(2)	通り
(3)	通り

2

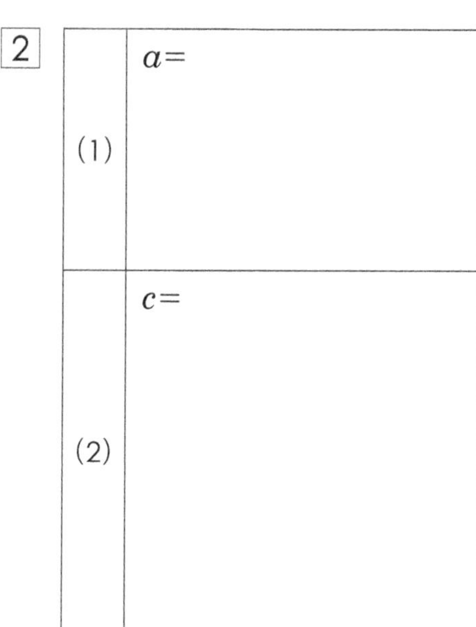

(1)	$a=$
(2)	$c=$

3

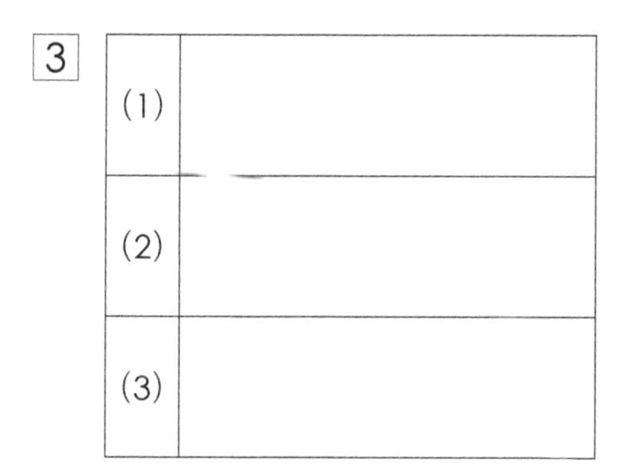

(1)	
(2)	
(3)	

4

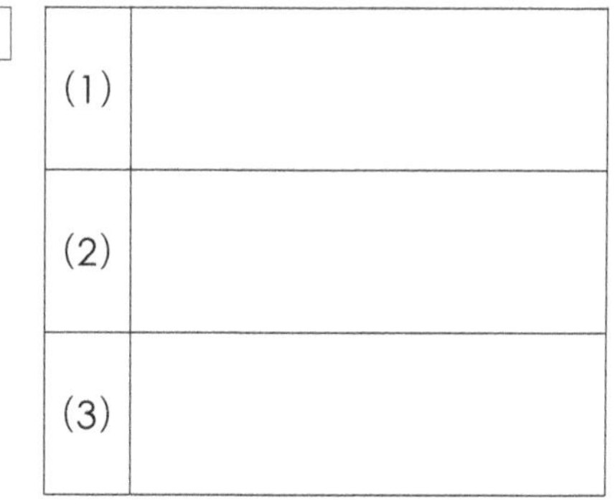

(1)	
(2)	
(3)	

5

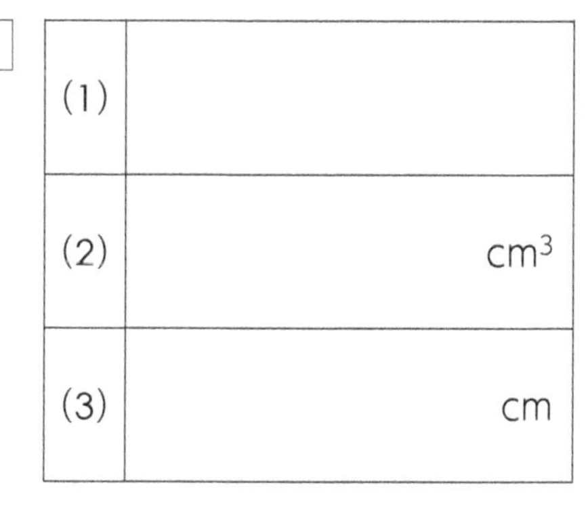

(1)	
(2)	cm^3
(3)	cm

6

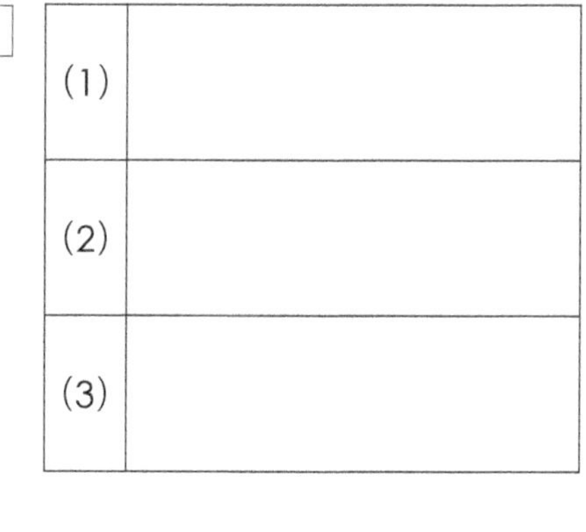

(1)	
(2)	
(3)	

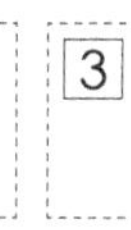
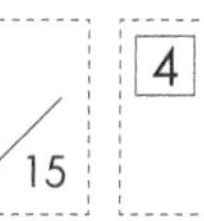
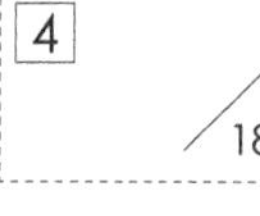
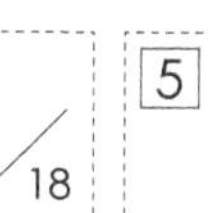
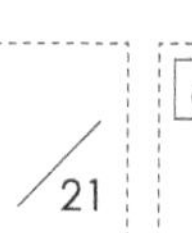
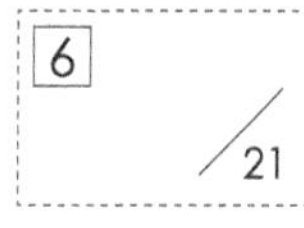
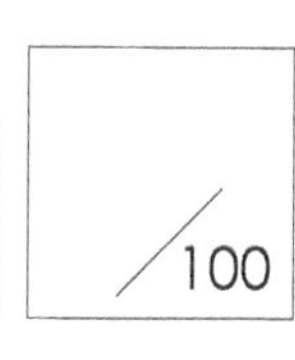

1	2	3	4	5	6	
/15	/10	/15	/18	/21	/21	/100

第1回 第2回 第3回 第4回 第5回 第6回 第7回 第8回 第9回 第10回 解答用紙 公式集

公式集(＆解法のポイント)

指数

◎m, nを自然数とするとき，

・$a^m \times a^n = a^{m+n}$

・$(a^m)^n = a^{mn}$

・$a^m \div a^n = a^{m-n}$

(例) $a^5 \times a^2 = a^{5+2} = a^7$

$(a^5)^2 = a^{5\times2} = a^{10}$

$a^5 \div a^2 = a^{5-2} = a^3$

◎$m=n$のとき，$a^m \div a^n = a^0 = 1$

◎$m<n$のとき，$a^m \div a^n = \frac{1}{a^{n-m}}$

計算の工夫

◎置き換えができるものは置き換えて計算する。

(例) $1992\times2008-1998\times1997$

$2000=\mathrm{A}$とおくと，

$(\mathrm{A}-8)(\mathrm{A}+8)-(\mathrm{A}-2)(\mathrm{A}-3)$

$=\mathrm{A}^2-64-\mathrm{A}^2+5\mathrm{A}-6$

$=5\mathrm{A}-70$

$=9930$

整数・自然数

◎約数を1とその数自身の2個だけもつ自然数を「素数」という。

(例) 2，3，5，7，11，13，17，19，……

◎自然数Aが素数a，bを用いて，$\mathrm{A}=a^x\times b^y$と素因数分解できるとき，

・Aの約数の個数は$(x+1)(y+1)$個である。

・Aの約数の総和は，

$(1+a+a^2+\cdots\cdots+a^x)(1+b+b^2+\cdots\cdots+b^x)$で求められる。

(例) $72=2^3\times3^2$なので，

72の約数の個数は，$(3+1)\times(2+1)=12$(個)

72の約数の総和は，$(1+2+2^2+2^3)\times(1+3+3^2)$

$=15\times13=195$

◎2つの自然数A，Bの最大公約数をG，最小公倍数をLとする。

$\mathrm{A}=\mathrm{G}a$，$\mathrm{B}=\mathrm{G}b$と表せるとき，

・aとbは1以外に公約数をもたない。

・$\mathrm{L}=\mathrm{G}ab$，$\mathrm{AB}=\mathrm{GL}$となる。

(例) $24=2^3\times3$，$90=2\times3^2\times5$

$\mathrm{G}=2\times3=6$　　$24=6\times4$，$90=6\times15$

$\mathrm{L}=6\times4\times15=2^3\times3^2\times5=360$

$24\times90=6\times360=2160$

式の値

◎式を簡単にしてから代入する。

（例）$x=2,\ y=-\frac{1}{3}$のとき，$\frac{2x(x^2-y)-xy}{x}$の値を求める。

$$\frac{2x(x^2-y)-xy}{x}=2x^2-3y=8+1=9$$

◎展開したり因数分解したりして，式を変形して代入する方法がある。
その他に，以下の形にも慣れておこう。

・$x^2+y^2=(x+y)^2-2xy$

・$x^2+\frac{1}{x^2}=\left(x+\frac{1}{x}\right)^2-2$

◎$x=\sqrt{a}+b$の形は，$x-b=\sqrt{a}$として，
$(x-b)^2=a$が利用できることがある。

（例）$x=\sqrt{3}+2$のとき，$(x-2)^2=3$　　$x^2-4x=3-4=-1$なので，
x^2-4x+7の値は，$-1+7=6$

比例式

◎$a:b=c:d$のとき，

・$a:c=b:d$

・$a:(a+b)=c:(c+d)$

・$ad=bc$

二次方程式

◎$x^2=a$の形　⇔　$x=\pm\sqrt{a}$

◎因数分解の利用

$(x-a)(x-b)=0$　⇔　$x=a,\ x=b$

◎$(x+a)^2=\mathrm{A}$の形に変形

（例）$x^2+6x=2$　　$x^2+6x+9=2+9$

$(x+3)^2=11$　　$x=-3\pm\sqrt{11}$

◎解の公式を確実に覚えて使ってもよい。

$$ax^2+bx+c=0\ \Rightarrow\ x=\frac{-b\pm\sqrt{b^2-4ac}}{2a}$$

◎$ax^2+bx+c=0$の解を$m,\ n$とする。

$a(x-m)(x-n)=0$の解も$m,\ n$なので，

$a\{(x-m)(x-n)\}=ax^2+bx+c$

$x^2-(m+n)x+mn=x^2+\frac{b}{a}x+\frac{c}{a}$

つまり，2つの解の和は$-\frac{b}{a}$，積は$\frac{c}{a}$

乗法公式と因数分解

◎基本形

・$x(a+b)\Leftrightarrow ax+bx$

・$(x+a)(x+b)\Leftrightarrow x^2+(a+b)x+ab$

・$(x+a)^2\Leftrightarrow x^2+2ax+a^2$

・$(x-a)^2\Leftrightarrow x^2-2ax+a^2$

・$(x+a)(x-b)\Leftrightarrow x^2-a^2$

◎複雑な式は，部分的に因数分解して，
基本の形が使えるように変形する。

（例）$a^2+2ab-3a-6b=a(a+2b)-3(a+2b)$

$a+2b=\mathrm{A}$とおくと，

$a\mathrm{A}-3\mathrm{A}=\mathrm{A}(a-3)=(a-3)(a+2b)$

（例）$a^2-2ab+b^2-a+b-6=(a-b)^2-(a-b)-6$

$a-b=\mathrm{A}$とおくと，

$\mathrm{A}^2-\mathrm{A}-6=(\mathrm{A}-3)(\mathrm{A}+2)=(a-b-3)(a-b+2)$

平方根

◎$a>0$，$b>0$であるとき，

・$a>b \Leftrightarrow \sqrt{a}>\sqrt{b}$

・$\sqrt{a}\sqrt{b}=\sqrt{ab}$

・$\dfrac{\sqrt{a}}{\sqrt{b}}=\sqrt{\dfrac{a}{b}}=\dfrac{\sqrt{a}\times\sqrt{b}}{\sqrt{b}\times\sqrt{b}}=\dfrac{\sqrt{ab}}{b}$

（分母を有理数にする）

◎aを自然数とするとき，$a \leqq \sqrt{x}<a+1$ならば，

・$\sqrt{x}$の整数部分はa，小数部分は$\sqrt{x}-a$

（例）$\sqrt{4} \leqq \sqrt{7}<\sqrt{9}$なので，$2 \leqq \sqrt{7}<3$

よって，$\sqrt{7}$の整数部分は2，小数部分は，$\sqrt{7}-2$

◎$\sqrt{a^2\times b^2\times c^2\times\cdots\cdots}=a\times b\times c\times\cdots\cdots$

（例）$\sqrt{60\mathrm{A}}=\sqrt{2^2\times3\times5\times\mathrm{A}}$の場合，

$\mathrm{A}=3\times5$のときに，

$\sqrt{60\mathrm{A}}=2\times3\times5$となる。

比例と反比例

◎ 比例定数をaとすると，

yがxに比例するとき，$\dfrac{y}{x}=a$，$y=ax$

yがxに反比例するとき，$xy=a$，$y=\dfrac{a}{x}$

一次関数

◎ 一次関数$y=ax+b$において，

・aは，変化の割合$=\dfrac{y\text{の値の増加量}}{x\text{の値の増加量}}$

または，グラフの傾きを表す。

・bは$x=0$のときのyの値，または，

y軸との交点のy座標を表す。

◎ 2直線$y=ax+b$，$y=cx+d$において，

・2直線が平行 $\Leftrightarrow a=c$

・2直線が垂直 $\Leftrightarrow ac=-1$

整数・自然数

◎yがxの2乗に比例する関数，$y=ax^2$では，

変化の割合は一定ではない。

◎$y=ax^2$のグラフは原点を通る放物線であり，

$a<0$のときには下に開く。

◎$y=ax+b$，$y=ax^2$のグラフ上の点のx座標

をm，nとすると，その点のy座標はそれぞれ

$am+b$，an^2と表される。

◎グラフの交点の座標は，2つのグラフの式を

連立方程式とみて求めることができる。

放物線$y=ax^2$と直線$y=mx+n$の交点のx座

標は，二次方程式$ax^2=mx+n$の解である。

・放物線$y=ax^2$と直線$y=mx+n$の交点の

x座標をp，qとすると，xの値がpからq

まで変化するときの変化の割合，つまり

2つの交点を通る直線の傾きmは，

$m=a(p+q)$

関数・グラフと図形

◎3点A，B，Cの座標がわかっているときの△ABCの面積の求め方

・x軸，y軸に平行な直線をひいて，三角形の外側に長方形を作り，長方形の面積から周りの三角形の面積を引く。

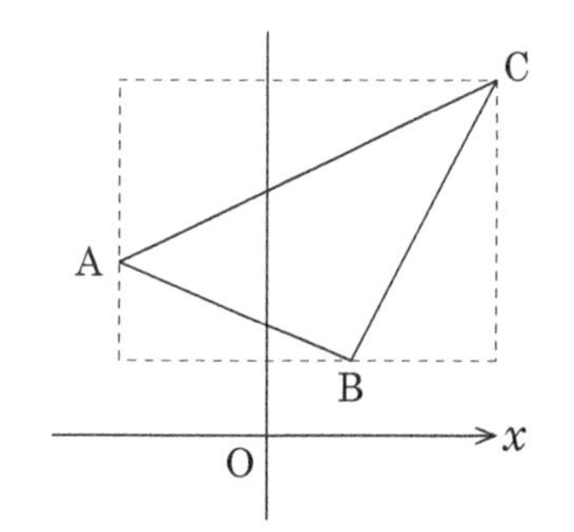

・どれかの頂点を通り，その頂点と向かい合う辺に平行な直線をひいて等積変形を利用する。

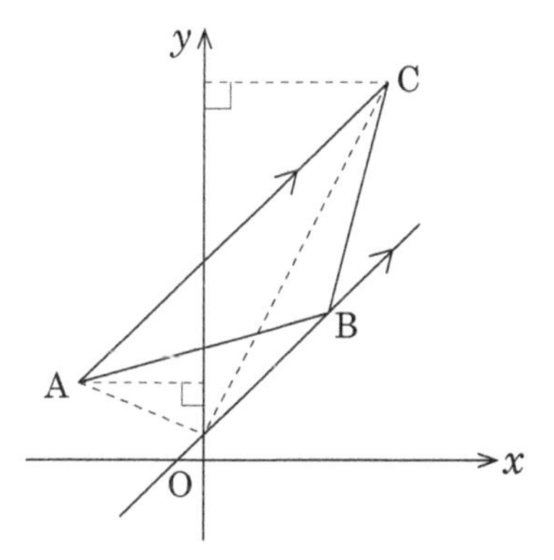

・どれかの頂点を通るy軸に平行な直線をひいて，2つの三角形に分けて求める。

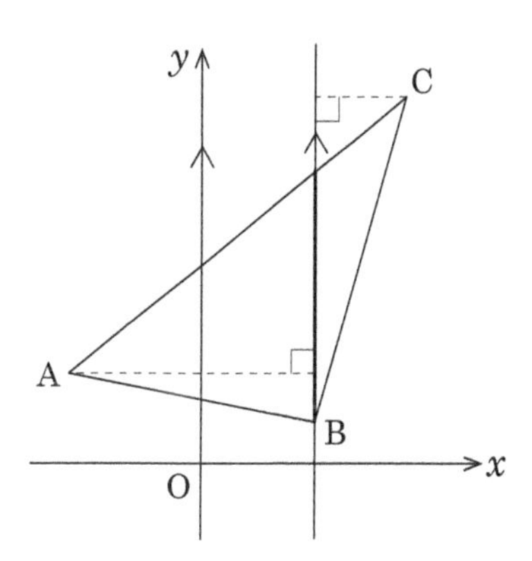

三角形

◎三角形の各辺の垂直二等分線は1点で交わり，その点から各頂点までの距離は等しいので，その点(外心という)を中心として三角形に外接する円をかくことができる。

◎三角形の各頂角の二等分線は1点で交わり，その点から各辺までの距離は等しいので，その点(内心という)を中心として三角形に内接する円をかくことができる。

・3辺の長さと面積がわかると内接する円の半径が求められる。△ABC＝△IAB＋△IBC＋△ICA

$\frac{1}{2}r(a+b+c)$＝△ABCの面積

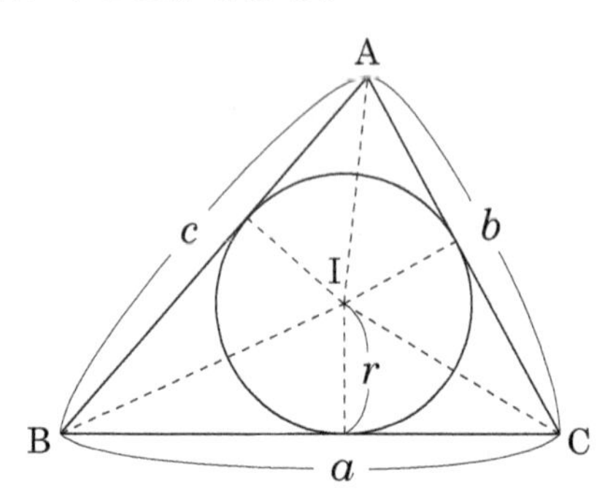

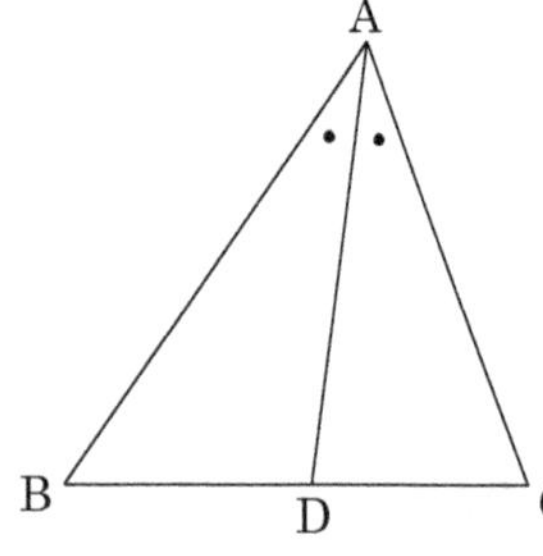

◎三角形の内角の二等分線は，その角と向かい合う辺を，その角を作る2辺の比に分ける。

AB：AC＝BD：DC

◎三角形の各頂点と向かい合う辺の中点を結ぶ線分(中線という)は1点で交わり，その点(重心という)は中線を2：1の比に分ける。

・中点連結定理により，MN//BC，MN＝$\frac{1}{2}$BC

MN//BCなので，BG：NG＝CG：MG＝BC：NM＝2：1

◎高さの等しい三角形では，面積の比は底辺の比に等しい。

△ABD：△ACD＝BD：CD

◎$\ell // m$ ⇔ △PAB＝△QAB，△PRA＝△QRB

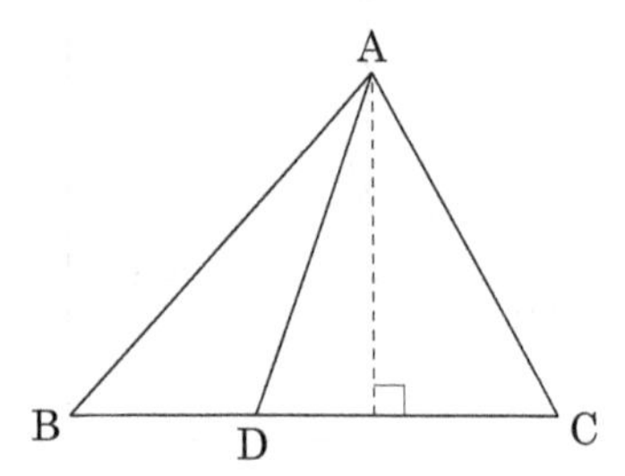

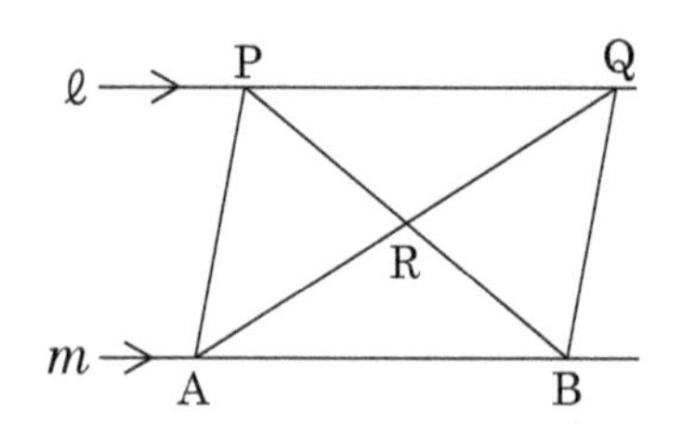

三角形の外角

◎三角形の外角はそのとなりにない内角の和に等しい。

(例) ∠ACD＝∠A＋2b　　∠ECD＝$\frac{1}{2}$∠A＋b

∠E＝∠ECD－b　　∠E＝$\frac{1}{2}$∠A　　∠ECF＝90°

∠BFC＝∠ECF＋∠E＝90°＋$\frac{1}{2}$∠A

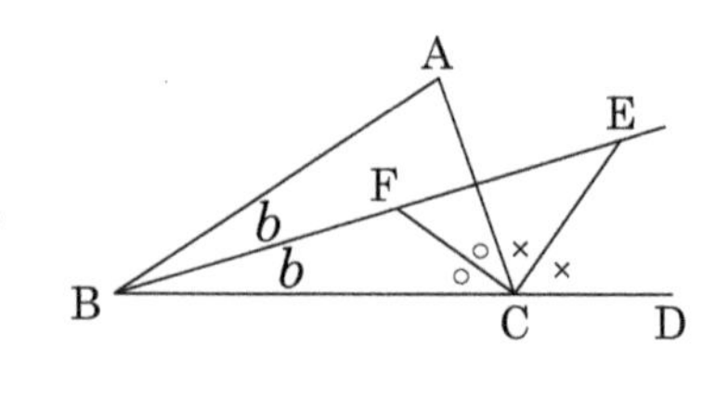

特殊な直角三角形

◎内角の大きさが15°，75°，90°の直角三角形の辺の比は$1:(2+\sqrt{3}):(\sqrt{6}+\sqrt{2})$である。

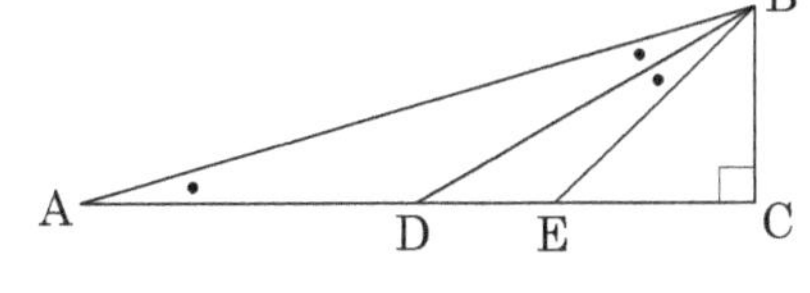

BC＝1，∠BDC＝30°，∠BEC＝45°とすると，∠DBA＝∠DAB＝15°　内角の大きさが30°，60°，90°の直角三角形と内角の大きさが45°，45°，90°の直角三角形の辺の比を用いると，BD＝2，DC＝$\sqrt{3}$　AD＝BD＝2　よって，AC＝$2+\sqrt{3}$　DBは∠ABEの二等分線だから，AB：BE＝AD：DE＝$2:(\sqrt{3}-1)$　BE＝$\sqrt{2}$だから，AB＝$\dfrac{2\sqrt{2}}{\sqrt{3}-1}=\sqrt{6}+\sqrt{2}$

多角形の角

◎n角形は1つの頂点から$(n-3)$本の対角線をひくことができて，それによって，$(n-2)$個の三角形に分けることができる。

- ・n角形の内角の和は，$(n-2)\times180°$
- ・n角形の外角の和は，nの値にかかわらず，360°

円の性質

◎$\angle ACB=\dfrac{1}{2}\angle AOB$

◎円に内接する四角形は，対角の和が180°になる。

- ・∠ACB＋∠ADB＝180°
- ・∠ADE＝∠ACB＝180°－∠ADB

◎OA⊥PA，OB⊥PB

◎PA＝PB

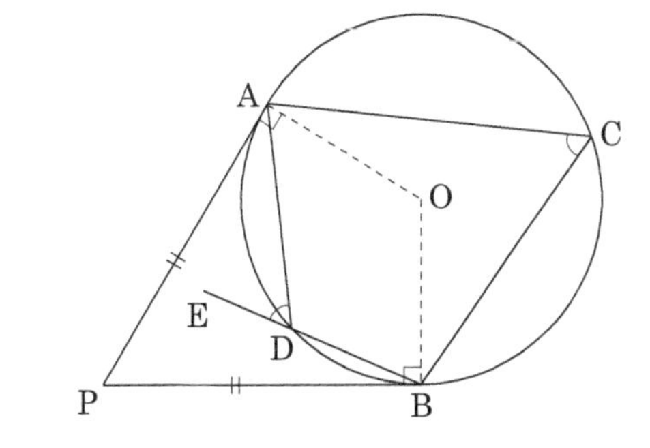

◎円の接線と接点を通る弦との作る角は，その角内にある弧に対する円周角に等しい。

- ・∠CAT＝∠ABC
  （＝∠ADC＝90°－∠CAD）

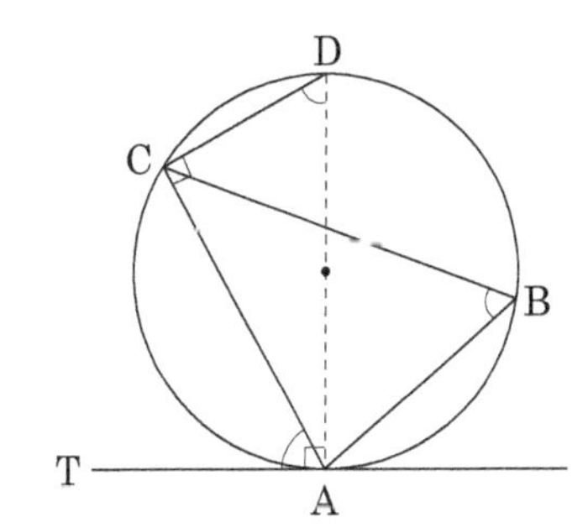

◎接線と弦についての定理から，
△ATB∽△ACT，
円に内接する四角形の外角の性質から，
△ACD∽△AEB
・$AT^2=AB\times AC=AE\times AD$

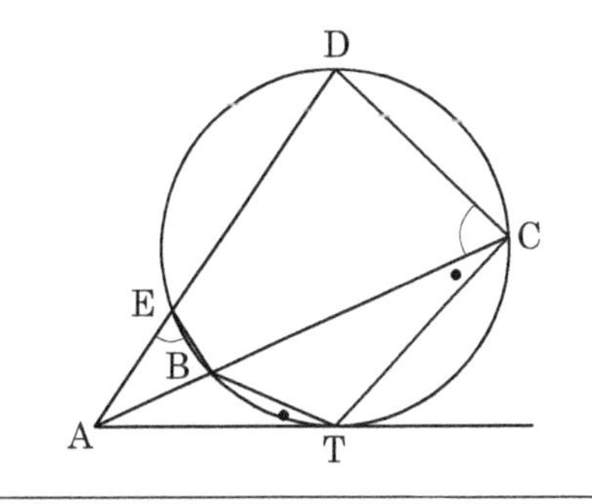

三平方の定理

◎内角の大きさが30°，60°，90°の直角三角形 ⇔ 3辺の比が2：1：$\sqrt{3}$

◎内角の大きさが45°，45°，90°の直角三角形 ⇔ 3辺の比が1：1：$\sqrt{2}$

◎1辺の長さがaの正三角形の高さは，

$\frac{\sqrt{3}}{2}a$，面積は$\frac{\sqrt{3}}{4}a^2$

◎3辺の長さがわかっている三角形は面積を求めることができる。

BH＝xとすると，

AH^2＝$c^2-x^2=b^2-(a-x)^2$

xを求め，高さAHを求める。

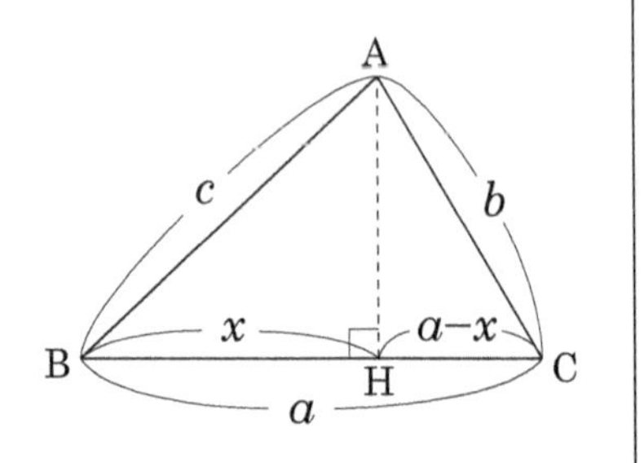

空間図形

◎1辺の長さがaの正四面体の高さは，

AG＝$\frac{2}{3}$AM＝$\frac{\sqrt{3}}{3}a$

OG＝$\sqrt{\text{OA}^2-\text{AG}^2}=\frac{\sqrt{6}}{3}a$

体積は，$\frac{1}{3}\times\frac{\sqrt{3}}{4}a^2\times\frac{\sqrt{6}}{3}a=\frac{\sqrt{2}}{12}a^3$

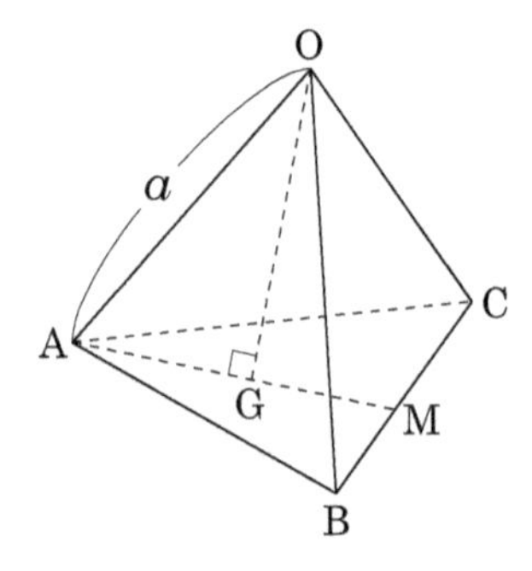

◎球が多角形に内接，あるいは外接している場合には，球の中心を通る平面で切断して考えると解決することが多い。

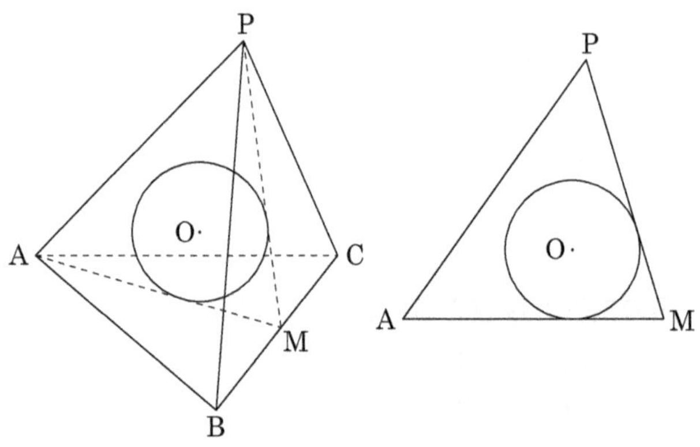

◎頂点から底面にひく垂線が底面の外側を通る場合がある。

(例)三角錐AMCNの体積は，$\frac{1}{3}\times$△MCN×AD

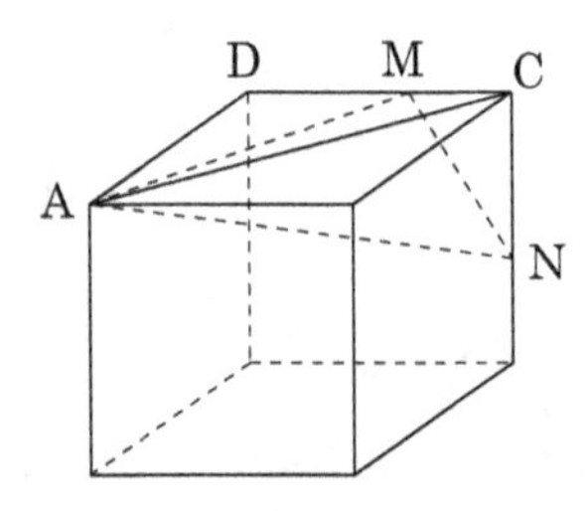

◎点から平面への距離は，体積を2通りに表して求められることがある。

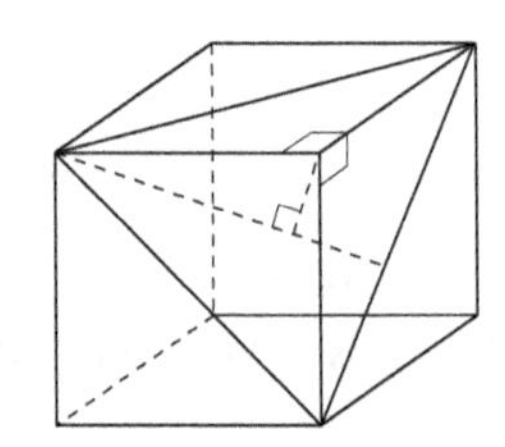

平行線と線分の比

◎AB//CDのとき，

OA：AC＝OB：BD

　＝~~AB：CD~~

OA：OC＝OB：OD

　＝AB：CD

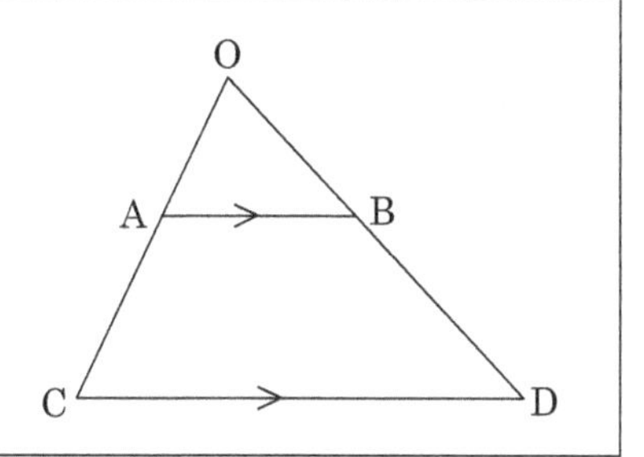

面積の比・体積の比

◎AD：DB＝a：b，AE：EC＝c：dのとき，

$\triangle \mathrm{ADE}=\dfrac{a}{a+b}\triangle \mathrm{ABE}$

$\triangle \mathrm{ABE}=\dfrac{c}{c+d}\triangle \mathrm{ABC}$

$\triangle \mathrm{ADE}=\dfrac{a}{a+b}\times\dfrac{c}{c+d}\triangle \mathrm{ABC}$

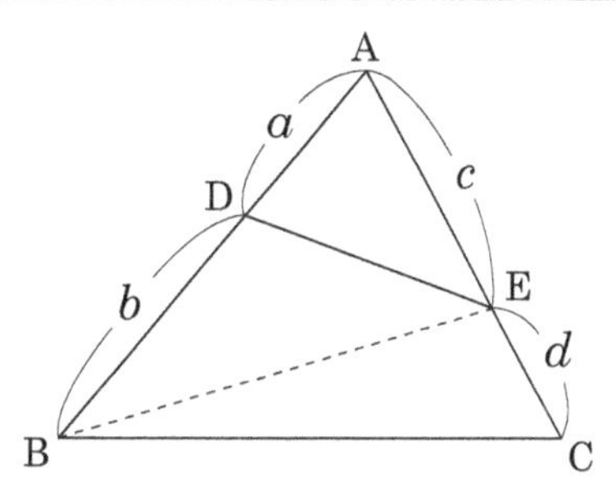

◎三角すいAPQRの体積は，三角すいABCDの体積の$\dfrac{\mathrm{AP}}{\mathrm{AB}}\times\dfrac{\mathrm{AQ}}{\mathrm{AC}}\times\dfrac{\mathrm{AR}}{\mathrm{AD}}$である。

△APQ，△ABCを底面とみたときの高さは，それぞれ，点R，点Dから面APQ，面ABCまでの距離で，その比は，AR：AD　よって，三角すいAPQRの高さは三角すいABCDの高さの$\dfrac{\mathrm{AR}}{\mathrm{AD}}$　したがって，三角すいAPQRの体積は，三角すいABCDの体積の$\dfrac{\mathrm{AP}}{\mathrm{AB}}\times\dfrac{\mathrm{AQ}}{\mathrm{AC}}\times\dfrac{\mathrm{AR}}{\mathrm{AD}}$

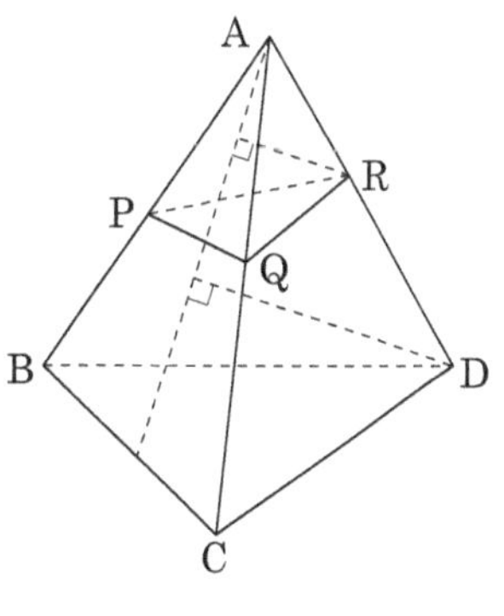

最短距離

◎直線に関して対称な点が役立つことがある。

（例）BP＝B´Pなので，AP+BP=AP+B´P

よって，線分AB´の長さが最短距離

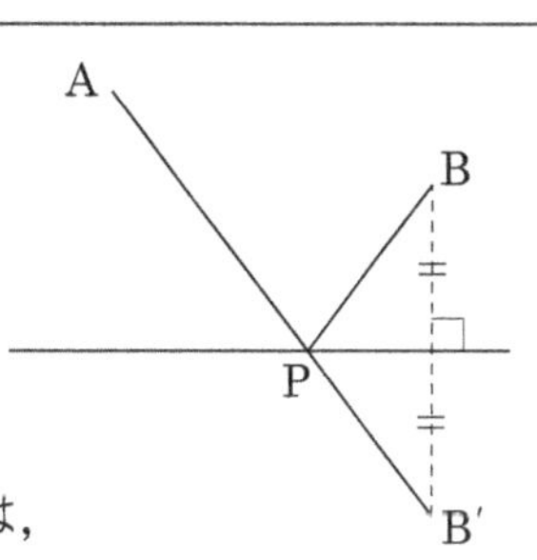

◎空間図形では展開図で考える。

（例）点Aから直方体の表面を通って点Gに至る最短距離は，

展開図の長方形の対角線の長さである。

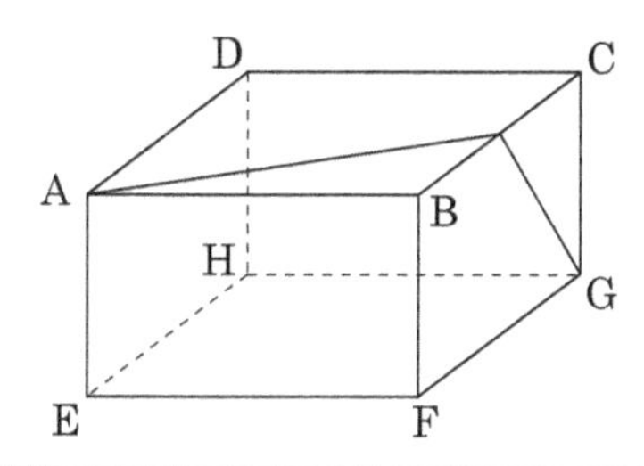

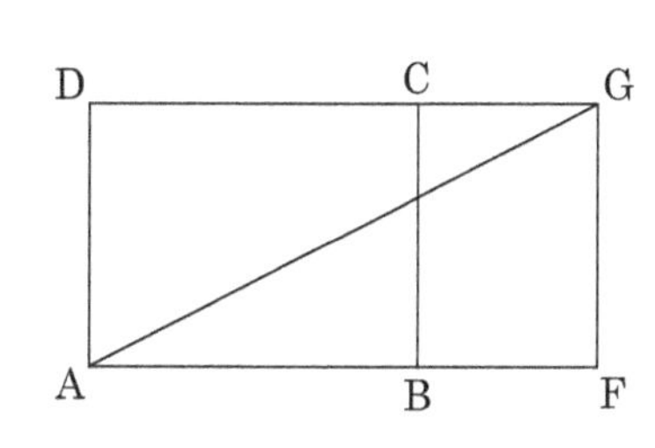

座標平面上の2点

◎2点A(x_1, y_1), B(x_2, y_2)があるとき,

・線分ABの中点Mの座標は, $\left(\frac{x_1+x_2}{2}, \frac{y_1+y_2}{2}\right)$

・線分ABの長さは, $\sqrt{(x_2-x_1)^2+(y_2-y_1)^2}$

確率

◎起こりうるすべての場合の数がN通りあって, それらはすべて同様に確からしいとする。そのうち, あることがらAの起こる場合の数がa通りあるとするとき,

・(Aの起こる確率)$=\frac{a}{N}$

・(Aの起こらない確率)$=1-\frac{a}{N}$

(例)3枚の硬貨を投げるとき, 少なくとも1枚は表になる確率は, $1-\frac{1}{2^3}=\frac{7}{8}$

場合の数

◎あることがらAにa通りの場合があり, そのそれぞれに対して, 別のことがらBにb通りの場合があり, さらにそれらに対して, Cにc通りの場合があり, ……

このときの場合の数は, $a\times b\times c\times\cdots\cdots$(通り)

◎異なるn個のものからr個を取り出して一列に並べるときの並べ方の数

$n\times(n-1)\times(n-2)\times\cdots\cdots\times(n-r+1)$

◎異なるn個のものからr個を取り出すときの取り出し方の数

$$\frac{n\times(n-1)\times(n-2)\times\cdots\cdots\times(n-r+1)}{r\times(r-1)\times(r-2)\times\cdots\cdots\times2\times1}$$

(例)7人の生徒から4人のリレー選手を選ぶとき, 走る順番も決めて選ぶ場合は,

$7\times6\times5\times4=840$(通り)

(例)走る順番は決めないで4人を選ぶだけの場合は,

$\frac{7\times6\times5\times4}{4\times3\times2\times1}=35$(通り)

◎n個のものを並べるとき, そのうちのr個が区別がつかないものであるとき, 並べ方の数は,

$$\frac{n\times(n-1)\times(n-2)\times\cdots\cdots\times1}{r\times(r-1)\times(r-2)\times\cdots\cdots\times1}$$

(例)a, b, c, d, e, e, eの7文字の並べ方の数は, $\frac{7\times6\times5\times4\times3\times2\times1}{3\times2\times1}$

x, x, x, x, y, y, yの7文字の並べ方の数は, $\frac{7\times6\times5\times4\times3\times2\times1}{4\times3\times2\times1\times3\times2\times1}$

◎サイコロをふるときの目の出方の総数

・2個(2回)の場合は, 6^2　　3個(3回)の場合は, 6^3